SAMMLUNG GÖSCHEN BAND 122

STATIK DER BAUKONSTRUKTIONEN

III

STATISCH UNBESTIMMTE SYSTEME

von

DR.-ING. ALFRED TEICHMANN
o. Professor der Technischen Universität Berlin

Mit 34 Abbildungen und 7 Formeltafeln

WALTER DE GRUYTER & CO.
vormals G. J. Göschen'sche Verlagshandlung · J. Guttentag,
Verlagsbuchhandlung · Georg Reimer · Karl J. Trübner · Veit & Comp.
BERLIN 1958

Für freundliche Unterstützung dankt

Herrn Oberingenieur Dipl.-Ing. G. Pohlmann

der Verfasser

Satz: Walter de Gruyter & Co., Berlin W 35. Druck: Paul Funk, Berlin W 35. Printed in Germany.

Inhalt

*) Dieses Kapitel gehört inhaltlich noch zu Band II (Statisch bestimmte Stabwerke).

Inhalt des ersten Bandes (Grundlagen): I. Fesselung. — II. Gleichgewicht. — III. Stab.

Inhalt des zweiten Bandes (Statisch bestimmte Stabwerke): IV. Schnittkräfte und Schnittmomente (Schnittlasten). — V. Formänderung.

VI. Vollständige Schnittlasten und Verschiebungen; elastische Stabilität[1])

A. Allgemeines

Bis hierher wurde nicht berücksichtigt, daß die belastete Konstruktion wegen ihrer Formänderung eine andere Gestalt hat als die unbelastete. Die nach Abschnitt II bis IV sich ergebenden Beträge der Fessel- und Schnittlasten, desgl. die daraus nach V sich ergebenden Beträge der Verschiebungsgrößen, weichen daher – u. U. erheblich – von den wirklichen Beträgen ab. Dementsprechend seien die nach Abschnitt II bis V sich ergebenden Beträge D, A, B, S, Q, T, φ_x, ... w_x, ... usw. als die „primären" Beträge der Fessellasten, Schnittlasten, Verschiebungsgrößen bezeichnet, die wirklichen Beträge dagegen als die „vollständigen" Beträge $\widehat{D}$, $\widehat{A}$, $\widehat{B}$, $\widehat{S}$, $\widehat{Q}$, $\widehat{T}$, $\widehat{\varphi}_x$, ... $\widehat{w}_x$, ... usw.[2]).

Alle nachfolgenden Ausführungen gelten nur, solange keine Spannungen jenseits der Gültigkeitsgrenze des Geradlinigkeitsgesetzes (s. V A) auftreten.

B. Elementarstab

1. Vollständige Fessellasten, Schnittlasten und Durchbiegungen

Praktische Bedeutung hat die Ermittlung der vollständigen statischen Größen eines Elementarstabes normalerweise nur dann, wenn im Stab Druckkräfte auftreten ($S < 0$). Wenn dagegen die im Stab auftretenden Längskräfte nur Zugkräfte sind ($S > 0$), so können (gewöhnlich) die voll-

---

[1]) Dieses Kapitel gehört seinem Wesen nach noch zum zweiten Band.

[2]) Gewöhnlich wird im Sprachgebrauch kein Unterschied zwischen einer statischen Größe und ihrem Betrag gemacht.

ständigen Schnittlasten und Verschiebungen gleich den primären gesetzt werden.

Betrachtet werde zunächst ein ursprünglich gerader Elementarstab mit starren Fesseln in l und r (s. Bild 1). Als Systemlinie des belasteten und entsprechend verformten Stabes wird jetzt eine Linie von der Gestalt seiner Biegelinie angesehen; es wird also so getan, als ob ein krummer Stab (s. Bd. I, S. 74ff.) mit (zunächst unbekannten) Ordinaten z_i $(= -h_i) = \widehat{w}_{z(i)}$, $y_i = \widehat{w}_{y(i)}$ vorläge[1]). Vorausgesetzt sei, daß die dem Stab eingeprägten Lasten ihre Beträge und Richtungen unverändert beibehalten.

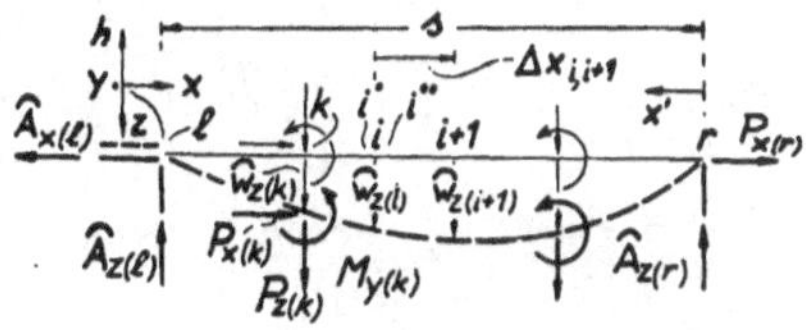

Bild 1. Verformter Elementarstab

Der Stab sei in hinreichend kleine Abschnitte $\Delta x_{i,\,i+1}$ eingeteilt, so daß seine Biegelinie als bekannt gelten kann, wenn ihre Ordinaten an den Teilpunkten ... i, $i+1$, ... ermittelt sind. In diesen Teilpunkten seien die Angriffsstellen aller äußeren Lasten enthalten. Im folgenden wird so getan, als ob in **jedem** Teilpunkt eine Kraft und ein Moment (ggf. vom Betrage Null) wirkten.

An Hand der in Bd. I aufgeführten Gleichungen 74, 76, 79, angewendet auf Bild 1, ergeben sich dann die im folgenden angeschriebenen Gleichungen 1 bis 3, in denen statt des — zunächst in ihnen auftretenden — Ausdrucks $\sum_{k=i}^{r} P_{x(k)}$ jeweils geschrieben ist: $S_{i-1,i}$ bzw. S (s. Gl. 2b, 3b). Wie aus Bd. I, Gl. 62a, hervorgeht, bedeutet $S_{i-1,i}$

[1]) Die Wegkomponenten $\widehat{w}_{x(i)}$ werden hier als vernachlässigbar angesehen.

bzw. S den primären Betrag der Längskraft im Stab-Abschnitt i—1, i bzw. der im ganzen Stab konstanten Längskraft. In anderer, für das später Dargelegte geeigneter Betrachtungsweise wird $S_{i-1,i}$ bzw. S als die Projektion der vollständigen Längskraft auf die Stab-Sehne, d. h. auf die durch l und r gehende Gerade, aufgefaßt und darum „Längskraftprojektion" genannt (positiver Betrag bedeutet Zug).

$$\widehat{A}_{x(l)} = A_{x(l)}, \tag{1a}$$

$$\widehat{A}_{z(l)} = A_{z(l)} + \frac{1}{s} \sum_k P_{x(k)} \widehat{w}_{z(k)}, \tag{1b}$$

$$\widehat{A}_{z(r)} = A_{z(r)} - \frac{1}{s} \sum_k P_{x(k)} \widehat{w}_{z(k)}, \tag{1c}$$

$$\widehat{B}_{y(i^\bullet)} = B_{y(i^\bullet)} - S_{i-1,\,i}\, \widehat{w}_{z(i)} - \frac{x_i'}{s} \sum_l^{i-1} P_{x(k)} \widehat{w}_{z(k)} + \frac{x_i}{s} \sum_i^r P_{x(k)} \widehat{w}_{z(k)} \tag{2a}$$

und im Sonderfall, daß S längs s konstant ist, d. h. wenn eine Kraft P_x nur in r eingeprägt ist ($S = P_{x(r)}$):

$$\widehat{B}_{y(i^\bullet)} = B_{y(i^\bullet)} - S\, \widehat{w}_{z(i)}, \tag{2b}$$

$$\widehat{B}_{z(i^\bullet)} = B_{z(i^\bullet)} + S_{i-1,\,i}\, \widehat{w}_{y(i)} + \frac{x_i'}{s} \sum_l^{i-1} P_{x(k)} \widehat{w}_{y(k)} - \frac{x_i}{s} \sum_i^r P_{x(k)} \widehat{w}_{y(k)} \tag{3a}$$

und im Sonderfall, s. oben:

$$\widehat{B}_{z(i^\bullet)} = B_{z(i^\bullet)} + S\, \widehat{w}_{y(i)}. \tag{3b}$$

Zur Berechnung der in Gl. 1 bis 3 enthaltenen vollständigen Durchbiegungen $\widehat{w}_z$ bzw. $\widehat{w}_y$ dienen — vgl. V C 2 — die in Band II aufgeführten Gleichungen 95, 96; nur ist jetzt in den Ausdruck für W_i ($\equiv \Delta\vartheta_{y(i)}$ bzw. $\Delta\vartheta_{z(i)}$, s. Bd. II, Gl. 76) das vollständige Biegemoment $\widehat{B}_y$ bzw. $\widehat{B}_z$ lt. Gl. 2, 3 einzuführen, womit sich die in Tafel 1 A angeschriebenen Gleichungen 1_z, 1_y ergeben. Zu diesen Gleichungen gehören (vgl. Bd. II, Gl. 95b, 96b) Nebenbedingungen: s. Tafel 1 A, Gleichungen 5_z bzw. 5_y.

Sofern mehrere Kräfte $P_{x(k)}$ am Stab wirken, sind die Gleichungen 1_z, 1_y wegen der im Teilglied δW_i noch enthaltenen Unbekannten weniger handlich als die nur dreigliedrigen Gleichungen 95a, 96a in Bd. II. — Oft ist es möglich[1]) und vorteilhaft, die Gleichungen 1_z, 1_y (s. Tafel 1 A) iterativ aufzulösen, etwa nach folgendem Schema (Vianello).

Schritt „I":

Statt $\widehat{W}_i$ ($\equiv W_i + \delta W_i$, s. Gl. 2_z, 2_y) wird in die Gleichungen 1_z bzw. 1_y eingesetzt: W_i^{I} ($\equiv W_i + 0$) $= W_i$.

I a) Ermittlung der Durchbiegungen aus den jetzt nur noch dreigliedrigen Gleichungen 1_z, 1_y (identisch Gl. 95a, 96a in Bd. II)

oder – s. V C 3 (Bd. II, S. 91) –

als [(+ 1)fache bzw. (– 1)fache] Biegemomente zu „symbolischen Kräften" W_i^{I} ($\equiv W_i + O$) $= W_i$;

Ergebnis: Durchbiegungen w_z^{I} bzw. w_y^{I} (identisch den primären Durchbiegungen w_z und w_y);

I b) Einsetzen der Beträge w_z^{I} bzw. w_y^{I} in Gl. 4_z bzw. 4_y: das ergibt Beträge δW_i^{I}.

Schritt „II":

Statt $\widehat{W}_i$ ($\equiv W_i + \delta W_i$) wird in die Gleichungen 1_z bzw. 1_y eingesetzt: $W_i^{\mathrm{II}} = W_i + \delta W_i^{\mathrm{I}}$.

---

[1]) Siehe die Einschränkung lt. VI B 4 d.

II a) Ermittlung der Durchbiegungen aus den jetzt wiederum nur dreigliedrigen Gleichungen 1_z, 1_y

oder

als [(+ 1)fache bzw. (− 1)fache] Biegemomente zu „symbolischen Kräften“ W_i^{II};

Ergebnis: Durchbiegungen w_z^{II} bzw. w_y^{II};

II b) Einsetzen der Beträge w^{II} bzw. w_y^{II} in die Gl. 4_z bzw. 4_y: das ergibt Beträge δW_i^{II}.

Schritte „III“, „IV“, . . .:

analog dem Schritt „II“, bis die in einem Schritt „N“ gefundenen Durchbiegungen w^N sich nicht mehr wesentlich von den im vorangegangenen Schritt „N − I“ gefundenen unterscheiden.

Wenn die Abschnitte $\Delta x_{i,i+1}$ einander gleich angenommen werden, können aus den Gleichungen 1_z bzw. 1_y (s. Tafel 1 A) $n-3$ fünfgliedrige Gleichungen gewonnen werden, die u. U. handlicher sind als die Gleichungen 1_z, 1_y. Sie ergeben sich, indem (s. Tafel 1 A) aus der „$i+1$“ten, „i“ten, „$i-1$“ten Gleichung 1_z bzw. 1_y Ausdrücke folgender Form gebildet werden: ($EJ_{(i+1)} \cdot$ Gl. „$i+1$“ $- EJ_{(i)} \cdot$ Gl. „i“) $-$ ($EJ_{(i)} \cdot$ Gl. „i“ $- EJ_{(i-1)} \cdot$ Gl. „$i-1$“), und von den Gleichungen 64 in Bd. I Gebrauch gemacht wird, womit sich die in Tafel 1 B angeschriebenen Gleichungen 6_z, 6_y[1]) ergeben. Zu diesen Gleichungen gehören Nebenbedingungen: s. Tafel 1 B, Gleichungen 7_z, 8_z bzw. 7_y, 8_y.

---

[1]) Differenzengleichungen 4. Ordnung. Sie sind insbesondere dann zu verwenden, wenn die iterative Auflösung der Gleichungen 1_z, 1_y versagt (vgl. das dazu in VI B 4 d Ausgeführte). Zur Auflösung von Differenzengleichungen s. z. B. P. Funk, Die linearen Differenzengleichungen und ihre Anwendung in der Theorie der Baukonstruktionen; Springer (Berlin) 1920.

A. Allgemeine Gleichungen für $\widehat{w}_z$ und $\widehat{w}_y$

a) für $\widehat{w}_z$; „i"-te Gleichung („i" = „1" ...... „n−1"):

$$\widehat{w}_{z(i-1)} \cdot \frac{1}{\Delta x_{i-1,i}} - \widehat{w}_{z(i)} \cdot \left(\frac{1}{\Delta x_{i-1,i}} + \frac{1}{\Delta x_{i,i+1}}\right) + \widehat{w}_{z(i+1)} \cdot \frac{1}{\Delta x_{i,i+1}} + \widehat{W}_i = 0, \quad (1_z)$$

wobei: $$\widehat{W}_i = W_i + \delta W_i \quad \text{mit} \quad (2_z)$$

$$W_i \sim \frac{B_{y(i)}}{EJ_{y(i)}} \cdot \Delta x_{(i)} \quad (3_z)$$

$$\delta W_i \sim \frac{\Delta x_{(i)}}{EJ_{y(i)}} \left\{ -S_{i-1,i}\, \widehat{w}_{z(i)} - \frac{x_i'}{s} \sum_{l}^{i-1} P_{x(k)} \widehat{w}_{z(k)} + \frac{x_i}{s} \sum_{i}^{r} P_{x(k)} \widehat{w}_{z(k)} \right\}; \quad (4_z)$$

Nebenbedingungen: $\widehat{w}_{z(l)} = 0, \quad \widehat{w}_{z(r)} = 0.$ (5_z)

b) für $\widehat{w}_y$; „i"te Gleichung („i" = „1" ...... „n−1"):

$$\widehat{w}_{y(i-1)} \cdot \frac{1}{\Delta x_{i-1,i}} - \widehat{w}_{y(i)} \cdot \left(\frac{1}{\Delta x_{i-1,i}} + \frac{1}{\Delta x_{i,i+1}}\right) + \widehat{w}_{y(i+1)} \cdot \frac{1}{\Delta x_{i,i+1}} - \widehat{W}_i = 0, \quad (1_y)$$

wobei: $$\widehat{W}_i = W_i + \delta W_i \quad \text{mit} \quad (2_y)$$

$$W_i \sim \frac{B_{z(i)}}{EJ_{z(i)}} \Delta x_{(i)}, \quad (3_y)$$

$$\delta W_i \sim \frac{\Delta x_{(i)}}{EJ_{z(i)}} \left\{ S_{i-1,i}\, \widehat{w}_{y(i)} + \frac{x_i'}{s} \sum_{l}^{i-1} P_{x(k)} \widehat{w}_{y(k)} - \frac{x_i}{s} \sum_{i}^{r} P_{x(k)} \widehat{w}_{y(k)} \right\}; \quad (4_y)$$

Nebenbedingungen: $\widehat{w}_{y(l)} = 0, \quad \widehat{w}_{y(r)} = 0.$ (5_y)

B. Fünfgliedrige Gleichungen für $\widehat{w}_z$ und $\widehat{w}_y$

a) für $\widehat{w}_z$; „i"te Gleichung („i" = „2", „3", ... „n−2"):

$$\begin{aligned} &\widehat{w}_{z(i-2)} \cdot EJ_{y(i-1)} - \widehat{w}_{z(i-1)} [2(EJ_{y(i-1)} + EJ_{y(i)}) + S_{i-1,i}\, \Delta x^2] + \widehat{w}_{z(i)} \cdot [EJ_{y(i-1)} + 4EJ_{y(i)} \\ &+ EJ_{y(i+1)} + (S_{i-1,i} + S_{i,i+1}) \Delta x^2] - \widehat{w}_{z(i+1)} [2(EJ_{y(i)} + EJ_{y(i+1)}) + S_{i,i+1} \Delta x^2] \\ &+ \widehat{w}_{z(i+2)} \cdot EJ_{y(i+1)} - [P_{z(i)} \cdot \Delta x + \tfrac{1}{2}(M_{y(i+1)} - M_{y(i-1)})] \Delta x^2 = 0, \end{aligned} \quad (6_z)$$

Nebenbedingungen: $\widehat{w}_{z(l)} = 0, \quad \widehat{w}_{z(r)} = 0,$ (7_z)
ferner die beiden aus Gleichung „1_z" mit $i=1$ bzw. mit $i=n-1$
hervorgehenden Gleichungen. (8_z)

b) für $\widehat{w}_y$; „i"te Gleichung („i" = „2", „3", ... „n−2"):

$$\begin{aligned} &\widehat{w}_{y(i-2)} \cdot EJ_{z(i-1)} - \widehat{w}_{y(i-1)} [2(EJ_{z(i-1)} + EJ_{z(i)}) + S_{i-1,i}\, \Delta x^2] + \widehat{w}_{y(i)} [EJ_{z(i-1)} + 4EJ_{z(i)} \\ &+ EJ_{z(i+1)} + (S_{i-1,i} + S_{i,i+1}) \Delta x^2] - \widehat{w}_{y(i+1)} [2(EJ_{z(i)} + EJ_{z(i+1)}) + S_{i,i+1} \Delta x^2] \\ &- \widehat{w}_{y(i+2)}\, EJ_{z(i+1)} - [P_{y(i)} \Delta x - \tfrac{1}{2}(M_{z(i+1)} - M_{z(i-1)})] \Delta x^2 = 0; \end{aligned} \quad (6_y)$$

Nebenbedingungen: $\widehat{w}_{y(l)} = 0, \quad \widehat{w}_{y(r)} = 0,$ (7_y)
ferner die beiden aus Gleichung „1_y" mit $i=1$ bzw. mit $i=n-1$
hervorgehenden Gleichungen. (8_y)

Tafel 1. Gleichungen für die vollständigen Durchbiegungen

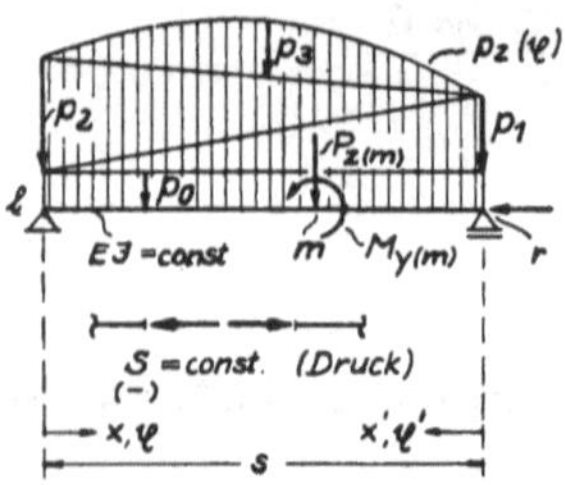

$p_z(\varphi) = p_0 + p_1 \cdot \frac{\varphi}{s} + p_2 \cdot \frac{\varphi'}{s} + p_3 \frac{4\varphi\varphi'}{s^2}$

$\alpha = s\sqrt{\frac{-S}{EJ_y}}$ (−S ist, da S negativ, eine positive Zahl).

Wo im folgenden zwischen zwei Ausdrücken [.....], [..] das Wort „bzw." steht, gilt

der erste für $x < \varphi_m$,
der zweite für $x > \varphi_m$.

$$
\begin{aligned}
EJ_y\, \hat{w}_z(x) \\
= {} & p_0 s^4 \cdot \frac{1}{\alpha^4}\left\{\frac{\cos\frac{\alpha(x-x')}{2s}}{\cos\frac{\alpha}{2}} - \frac{\alpha^2}{2}\cdot\frac{xx'}{s^2} - 1\right\} \\
& + p_1 s^4 \cdot \frac{1}{2\alpha^4}\left\{\frac{\cos\frac{\alpha(x-x')}{2s}}{\cos\frac{\alpha}{2}} + \frac{\sin\frac{\alpha(x-x')}{2s}}{\sin\frac{\alpha}{2}} - \frac{x}{s}\left[\frac{\alpha^2}{3}\left(1-\frac{x^2}{s^2}\right)+2\right]\right\} \\
& + p_2 s^4 \cdot \frac{1}{2\alpha^4}\left\{\frac{\cos\frac{\alpha(x-x')}{2s}}{\cos\frac{\alpha}{2}} - \frac{\sin\frac{\alpha(x-x')}{2s}}{\sin\frac{\alpha}{2}} - \frac{x'}{s}\left[\frac{\alpha^2}{3}\left(1-\frac{x'^2}{s^2}\right)+2\right]\right\} \\
& + p_3 s^4 \cdot \frac{8}{\alpha^6}\left\{\frac{\cos\frac{\alpha(x-x')}{2s}}{\cos\frac{\alpha}{2}} - \frac{\alpha^4}{24}\cdot\frac{xx'}{s^2}\left(1+\frac{xx'}{s^2}\right) - \frac{\alpha^2}{2}\cdot\frac{xx'}{s^2} - 1\right\} \\
& + P_{z(m)} s^3 \cdot \frac{1}{\alpha^2}\left\{\left[\frac{\sin\frac{\alpha x}{s}\sin\frac{\alpha\varphi'}{s}}{\alpha\sin\alpha} - \frac{x\varphi'}{s^2}\right] \text{ bzw. } \left[\frac{\sin\frac{\alpha x'}{s}\sin\frac{\alpha\varphi}{s}}{\alpha\sin\alpha} - \frac{x'\varphi}{s^2}\right]\right\} \\
& + M_{y(m)} s^2 \cdot \frac{1}{\alpha^2}\left\{\left[\frac{\sin\frac{\alpha x}{s}\cos\frac{\alpha\varphi'}{s}}{\sin\alpha} - \frac{x}{s}\right] \text{ bzw. } \left[\frac{-\sin\frac{\alpha x'}{s}\cos\frac{\alpha\varphi}{s}}{\sin\alpha} + \frac{x'}{s}\right]\right\}
\end{aligned}
$$

Im Sonderfall $S = 0$ $(\alpha = 0)$:

$$
\begin{aligned}
EJ_y \cdot w_z(x) = {} & \frac{p_0 s^4}{24}\cdot\frac{xx'}{s^2}\left(1+\frac{xx'}{s^2}\right) + \frac{p_1 s^4}{360}\cdot\frac{x}{s}\left\{7 - 10\frac{x^2}{s^2} + 3\frac{x^4}{s^4}\right\} \\
& + \frac{p_2 s^4}{360}\cdot\frac{x'}{s}\left\{7 - 10\frac{x'^2}{s^2} + 3\frac{x'^4}{s^4}\right\} + \frac{p_3 s^4}{90}\cdot\frac{xx'}{s^2}\left\{3 + 3\frac{xx'}{s^2} + \left(\frac{xx'}{s^2}\right)^2\right\} \\
& + \frac{P_{z(m)} s^3}{6}\cdot\left\{\left[\frac{x\varphi'}{s^2}\left(1 - \frac{x^2}{s^2} - \frac{\varphi'^2}{s^2}\right)\right] \text{ bzw. } \left[\frac{x'\varphi}{s^2}\left(1 - \frac{x'^2}{s^2} - \frac{\varphi^2}{s^2}\right)\right]\right\} \\
& + \frac{M_{y(m)} s^2}{6}\cdot\left\{\left[\frac{x}{s}\left(1 - \frac{x^2}{s^2} - 3\frac{\varphi'^2}{s^2}\right)\right] \text{ bzw. } \left[-\frac{x'}{s}\left(1 - \frac{x'^2}{s^2} - 3\frac{\varphi^2}{s^2}\right)\right]\right\}
\end{aligned}
$$

Tafel 2. Vollständige statische Größen zu einfachen Belastungsfällen

$$
\begin{aligned}
EJ_y \cdot \hat{\tau}_{y\ell} \; (\equiv EJ_y \cdot \hat{\varphi}_{y(\ell)}) \\
= \; & p_0 s^3 \cdot \frac{1}{\alpha^3}\left\{-tg\frac{\alpha}{2} + \frac{\alpha}{2}\right\} \\
+ \; & p_1 s^3 \cdot \frac{1}{\alpha^4}\left\{-\frac{\alpha}{\sin\alpha} + \frac{\alpha^2}{6} + 1\right\} \\
+ \; & p_2 s^3 \cdot \frac{1}{\alpha^4}\left\{\alpha\, ctg\,\alpha + \frac{\alpha^2}{3} - 1\right\} \\
+ \; & p_3 s^3 \cdot \frac{8}{\alpha^5}\left\{-tg\frac{\alpha}{2} + \frac{\alpha^3}{24} + \frac{\alpha}{2}\right\} \\
+ \; & P_{z(m)} s^2 \frac{1}{\alpha^2}\left\{\frac{-\sin\frac{\alpha\varphi'}{s}}{\sin\alpha} + \frac{\varphi'}{s}\right\} \\
+ \; & M_{y(m)} s \cdot \frac{1}{\alpha^2}\left\{\frac{-\alpha\cos\frac{\alpha\varphi'}{s}}{\sin\alpha} + 1\right\}
\end{aligned}
$$

speziell:

$$EJ_y \cdot \hat{\tau}_{y\ell;\ell} = s \cdot \frac{1}{\alpha^2}\left\{-\alpha\, cotg\,\alpha + 1\right\}$$

$$EJ_y \cdot \hat{\tau}_{y\ell;r} = s \cdot \frac{1}{\alpha^2}\left\{\frac{-\alpha}{\sin\alpha} + 1\right\}$$

$$
\begin{aligned}
EJ_y \cdot \hat{\tau}_{yr} \; (\equiv EJ_y \cdot \hat{\varphi}_{y(r)}) \\
= \; & p_0 s^3 \cdot \frac{1}{\alpha^3}\left\{tg\frac{\alpha}{2} - \frac{\alpha}{2}\right\} \\
+ \; & p_1 s^3 \frac{1}{\alpha^4}\left\{-\alpha\, ctg\,\alpha - \frac{\alpha^2}{3} + 1\right\} \\
+ \; & p_2 s^3 \frac{1}{\alpha^4}\left\{\frac{\alpha}{\sin\alpha} - \frac{\alpha^2}{6} - 1\right\} \\
+ \; & p_3 s^3 \cdot \frac{8}{\alpha^5}\left\{tg\frac{\alpha}{2} - \frac{\alpha^3}{24} - \frac{\alpha}{2}\right\} \\
+ \; & P_{z(m)} s^2 \cdot \frac{1}{\alpha^2}\left\{\frac{\sin\frac{\alpha\varphi}{s}}{\sin\alpha} - \frac{\varphi}{s}\right\} \\
+ \; & M_{y(m)} s \cdot \frac{1}{\alpha^2}\left\{\frac{-\alpha\cos\frac{\alpha\varphi}{s}}{\sin\alpha} + 1\right\}
\end{aligned}
$$

speziell:

$$EJ_y\, \hat{\tau}_{yr,\ell} = s \cdot \frac{1}{\alpha^2}\left\{\frac{-\alpha}{\sin\alpha} + 1\right\}$$

$$EJ_y\, \hat{\tau}_{yr;r} = s \cdot \frac{1}{\alpha^2}\left\{-\alpha\, ctg\,\alpha + 1\right\}$$

Im Sonderfall $S = 0$ $(\alpha = 0)$:

$$
\begin{aligned}
EJ_y \cdot \tau_{y\ell} \; (\equiv EJ_y \cdot \varphi_{y(\ell)}) = \; & \frac{(-p_0)s^3}{24} \\
+ \; & \frac{(-p_1)\cdot 7 s^3}{360} + \frac{(-p_2)\cdot s^3}{45} + \frac{(-p_3)\cdot s^3}{30} \\
+ \; & P_{z(m)}\, s^2 \cdot \frac{(-1)}{6} \cdot \frac{\varphi'}{s} \cdot \left(1 - \frac{\varphi'^2}{s^2}\right) \\
+ \; & M_{y(m)}\, s \cdot \frac{1}{6}\left(3\frac{\varphi'^2}{s^2} - 1\right)
\end{aligned}
$$

speziell:

$$EJ_y \cdot \tau_{y\ell;\ell} = \frac{s}{3}; \quad EJ_y \cdot \tau_{y\ell;r} = \frac{-s}{6}$$

$$
\begin{aligned}
EJ_y\, \tau_{yr} \; (\equiv EJ_y \cdot \varphi_{y(r)}) = \; & \frac{p_0 s^3}{24} \\
+ \; & \frac{p_1 s^3}{45} + \frac{p_2 \cdot 7 \cdot s^3}{360} + \frac{p_3 \cdot s^3}{30} \\
+ \; & P_{z(m)}\, s^2 \cdot \frac{1}{6} \cdot \frac{\varphi}{s} \cdot \left(1 - \frac{\varphi^2}{s^2}\right) \\
+ \; & M_{y(m)} \cdot s \cdot \frac{1}{6}\left(3\frac{\varphi^2}{s^2} - 1\right)
\end{aligned}
$$

speziell:

$$EJ_y\, \tau_{yr;\ell} = \frac{-s}{6}; \quad EJ_y \cdot \tau_{yr;r} = \frac{s}{3}$$

$$\hat{B}_y(x) = (-S) \cdot \hat{w}_z(x) + B_y(x)$$

$$
\begin{aligned}
\text{mit} \quad B_y(x) = \; & \frac{p_0 s^2}{2} \cdot \frac{x x'}{s^2} + \frac{p_1 s^2}{6} \cdot \frac{x}{s} \cdot \left\{1 - \frac{x^2}{s^2}\right\} + \frac{p_2 s^2}{6} \cdot \frac{x'}{s} \cdot \left\{1 - \frac{x'^2}{s^2}\right\} \\
+ \; & \frac{p_3 s^2}{3} \cdot \frac{x x'}{s^2} \cdot \left\{1 + \frac{x x'}{s^2}\right\} + P_{z(m)}\, s \cdot \left\{\left[\frac{x\varphi'}{s^2}\right] \text{ bzw. } \left[\frac{x'\varphi}{s^2}\right]\right\} \\
+ \; & M_{y(m)} \cdot \left\{\left[\frac{x}{s}\right] \text{ bzw. } \left[-\frac{x'}{s}\right]\right\}
\end{aligned}
$$

im Falle „EJ_y konstant längs s“ (Querkraft-Einfluß vernachlässigt)

Wenn S und EJ_y bzw. EJ_z über die Stablänge konstant sind, empfiehlt es sich, statt der Gleichungen in Tafel 1 die Differentialgleichungen zu verwenden, die mit $\Delta x \to dx$ aus den Gleichungen 1_z und 1_y hervorgehen:

$$EJ_y \frac{d^2\widehat{w}_z(x)}{dx^2} - S\,\widehat{w}_z(x) + B_y(x) = 0 \qquad (4)$$

$$\text{mit} \quad \widehat{w}_z(x=0) = 0, \quad \widehat{w}_z(x=s) = 0$$

$$\text{bzw.} \quad EJ_z \frac{d^2\widehat{w}_y(x)}{dx^2} - S\,\widehat{w}_y(x) - B_z(x) = 0 \qquad (5)$$

$$\text{mit} \quad \widehat{w}_y(x=0) = 0, \quad \widehat{w}_y(x=s) = 0.$$

Einige gebrauchsfertige Formeln, die sich daraus für naheliegende Belastungsfälle ergeben, sind in Tafel 2 zusammengestellt[1]); weitere Angaben s. in Bild 10 und 11.

2. Überlagerung von Teil-Belastungszuständen

Die in den Gleichungen für $\widehat{w}_z$ und $\widehat{w}_y$ auftretenden Größen S sind die Beträge der primären Längskraft bzw. der Längskraftprojektion (s. VI B 1).

In allen diesen Gleichungen treten die „Querlasten" $P_{z(k)}$, $M_{y(k)}$, $P_{y(k)}$, $M_{z(k)}$ nur in den Absolutgliedern auf (entweder über B eingehend oder unmittelbar), und zwar linear. Die Kräfte $P_{x(k)}$ dagegen treten – über S eingehend – in den Koeffizienten der Unbekannten auf. Daher ist bei einem gegebenen Belastungszustand zu unterscheiden zwischen

dem in ihm enthaltenen „Querbelastungszustand" (Querlasten, s. oben)

---

[1]) Im Falle $S > 0$ wird das in den Formeln lt. Tafel 2 auftretende „Stabilitätsmaß" α imaginär. Die vollständigen Beträge der statischen Größen bleiben aber reell. Ggf. sind die Ausdrücke für den Fall $S > 0$ mittels Hyperbelfunktionen darzustellen. Das erübrigt sich, wenn lt. Seite 5 im Falle $S > 0$ so getan wird, als wäre $S = 0$. — Wenn $\alpha = \pi, 3\pi, \ldots$ bzw. $= 2\pi, 4\pi, \ldots$ ist, versagen die in Tafel 2 angeschriebenen Formeln, sofern es sich um antimetrische bzw. um symmetrische Belastung handelt, indem sie dann das Unbestimmt-Werden der Verschiebungsgrößen nicht zum Ausdruck bringen (s. dazu Bild 10b, vgl. auch Fall c in Bild 3).

und dem in ihm enthaltenen „Längsbelastungszustand“ (Kräfte P_x).

Wie zur Berechnung der primären Durchbiegungen besteht auch zur Berechnung der vollständigen Durchbiegungen die Möglichkeit (s. Bild 2), den Querbelastungszustand in einzelne, evtl. handlichere Teil-Querbelastungszustände I^q, II^q, ..., zu zerlegen und dann zunächst diejenigen Biegelinien zu berechnen, die sich bei den einzelnen Teil-Querbelastungszuständen I^q, II^q, ... ergeben, um sie dann einander zu überlagern und damit die Biegelinie des insgesamt gegebenen Belastungszustandes „$I^q + II^q + \ldots$“ zu erhalten. In diesem Falle ist es aber notwendig, daß bei jedem der Zustände I^q, II^q, ... so getan wird, als ob zu ihm – an jeder Stelle des Stabes – bereits diejenige Längskraftprojektion S (bzw. $S_{i-1,i}$) gehörte, die sich ergibt, wenn der insgesamt gegebene Belastungszustand „$I^q + II^q + \ldots$“ am Stabwerk wirkt[1]).

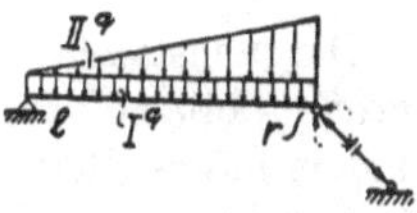

Bild 2. Teil-Querbelastungszustände

Das gilt natürlich auch bei Verwendung der in Tafel 2 zusammengestellten Formeln, in denen die Längskraftprojektion S im Parameter

$$\alpha_y \equiv s \sqrt{\frac{-S}{EJ_y}} \quad \text{bzw.} \quad \alpha_z \equiv s \sqrt{\frac{-S}{EJ_z}}, \tag{6}$$

dem sog. „Stabilitätsmaß“, erscheint.

[1]) Falls zur Berechnung einer vollständigen statischen Größe mit einer Einflußlinie gearbeitet wird, muß diese somit unter Berücksichtigung derjenigen Beträge S bzw. $S_{i-1,i}$ aufgestellt sein, die zum letztlich interessierenden Belastungszustand gehören (z. B. zur „ungünstigsten Stellung eines Lastenzuges“). Das erfordert u. U. zunächst eine Schätzung von S bzw. $S_{i-1,i}$ und ggf. wiederholtes Rechnen (iteratives Verbessern von S bzw. $S_{i-1,i}$ und der Einflußlinie).

Das Voranstehende läßt sich leicht dahingehend erweitern, daß außer dem Querbelastungszustand — oder statt seiner — gegebene Temperaturen bzw. eingeprägte Grundverformungen usw. von Stab-Elementen zu erfassen sind.

3. Ermittlung von einzelnen Verschiebungsgrößen

Die vollständigen Beträge $\widehat{\delta}$ beliebiger Verschiebungsgrößen können schematisch nach V B 1 berechnet werden, indem in das Glied $\int\{\cdots\}$ der Arbeitsgleichung die Schnittlasten bzw. Grundverformungen des ursächlichen Zustandes mit ihren vollständigen Beträgen ($\widehat{B^U}$ usw.) eingesetzt werden, während für alle Größen des Hilfszustandes nach wie vor die primären Beträge (B^H usw.) beibehalten werden. So gilt z. B. für die häufig benötigten End-Drehungen eines Stabes l—r bei einem gegebenen Belastungszustand U (Querkrafteinfluß vernachlässigt):

$$1 \cdot \widehat{\varphi}^U_{y(l)} = \int B^H_y \frac{\widehat{B}^U_y}{EJ_y} dx \quad \left(= \int \frac{x'}{s} \cdot \frac{\widehat{B}^U_y}{EJ_y} \cdot dx\right) \tag{7}$$

usw.

Soweit umgekehrt die vollständigen End-Drehungen $\widehat{\varphi}^U_{y(l)}$, $\widehat{\varphi}^U_{y(r)}$ eines Stabes zu dem mit U bezeichneten Zustand bekannt sind bzw. aus handlichen Formeln (s. z. B. Tafel 2) leicht berechnet werden können, ist es oft vorteilhaft, zur Ausrechnung der Integralausdrücke die in Bd. II aufgeführte Gleichung 73b zu verwenden.

4. Kritischer Zustand (Knicken)

a) Allgemeines

Wegen des Eingehens der Längskraftprojektionen S in die Koeffizienten der Unbekannten wird die Nennerdeterminante der Gleichungen in Tafel 1 bei entsprechend hohen Druckkräften ($S < 0$) zu Null. Dann werden die aus den Gleichungen sich ergebenden Durchbiegungen $\widehat{w}_z$ bzw. $\widehat{w}_y$ entweder unendlich groß oder aber unbestimmt (s. Bild 3). Entsprechendes gilt natürlich auch für die Lösungen der Differentialgleichungen 4, 5.

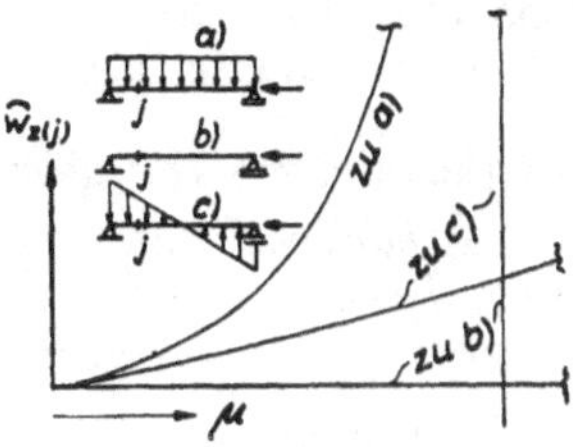

Bild 3. Auftreten von unendlich großen bzw. von unbestimmten Durchbiegungen
Abszissen μ = Maß der Belastung bzw. der Druckkraft S; vgl. Abschn. d

b) Euler-Formeln

Im Sonderfall, daß S und EJ_y bzw. EJ_z über die Stablänge konstant sind, treten die unter a) genannten Erscheinungen, wie die in Tafel 2 wiedergegebenen Ausdrücke zeigen, (erstmalig) ein, wenn der Betrag von S gleich demjenigen der beiden folgenden Beträge wird, der den kleineren Absolutbetrag hat:

$$S^{Eu,z} = -\frac{EJ_y\pi^2}{s^2}, \quad S^{Eu,y} = -\frac{EJ_z\pi^2}{s^2}, \tag{8}$$

sog. „Euler-Formeln",

oder — damit gleichbedeutend — wenn eines der beiden Stabilitätsmaße α_z bzw. α_y (s. Gl. 6) den Betrag π annimmt.

c) Unendlich große bzw. unbestimmte Durchbiegungen

α) Unendlich große Durchbiegungen

Das Zustandekommen von unendlich großen Beträgen $\widehat{w}_z$ bzw. $\widehat{w}_y$ (s. z. B. Bild 3, Fall a) widerspricht der allen vorangegangenen Überlegungen zugrunde liegenden Voraussetzung kleiner Verschiebungen. Es besagt daher nur, daß bei entsprechenden Beträgen S große Durchbiegungen auftreten, mit denen die Rechnung ungültig und die vollständigen Schnittlasten (von besonderen Ausnahmefällen abgesehen) untragbar groß werden.

β) Unbestimmte Durchbiegungen

Das Zustandekommen von unbestimmten Beträgen $\widehat{w}_z$ bzw. $\widehat{w}_y$ (s. z. B. Bild 3, darin die Parallele zur Ordinatenachse) wird im Sprachgebrauch als „Knicken" bezeichnet.

Unbestimmte Beträge $\widehat{w}_z$ ergeben sich – d. h. „Knicken in der Ebene zx" tritt ein –,
wenn die Längskraftprojektionen $S_{i-1,i}$ bzw. S gewisse, dem obigen entsprechende Beträge annehmen $\left(\text{z. B. } S = -\frac{EJ_y\pi^2}{s^2}\right)$
und wenn zugleich — neben der Längsbelastung —

(1) entweder keine Querlasten wirken (reiner Längsbelastungszustand, s. Bild 3, Fall b) oder

(2) Querlasten nur in der Ebene xy wirken (P_y, p_y, M_z, m_z).

Unbestimmt können die Beträge $\widehat{w}_z$ bei gewissen Beträgen $S_{i-1,i}$ bzw. S aber auch dann werden, wenn
(3) Querlasten von besonderer Anordnung innerhalb der Ebene zx wirken (P_z, p_z, M_y, m_y), so z. B. im Falle eines (zur Stabmitte) symmetrischen Stabes mit antimetrisch wirkenden Kräften P_z oder p_z (s. Bild 3, Fall c).

Analoges gilt für das Auftreten von unbestimmten Beträgen w_y, d. h. für das „Knicken in der Ebene xy".

d) Allgemeine Ermittlung des kritischen Zustandes

Ist ein bestimmter Belastungszustand gegeben, so ist es wichtig festzustellen, mit welcher (positiven) Zahl $\mu^{(z)}$ bzw. $\mu^{(y)}$ die Lasten des gegebenen Zustandes vervielfacht werden können, bis (erstmalig) unendlich große oder unbestimmte Durchbiegungen $\widehat{w}_z$ bzw. $\widehat{w}_y$ zustande kommen. Die kleinste (positive) Zahl μ ($\lesseqgtr 1$), bei der ein solcher „kritischer

Zustand“ auftritt, sei als das „kritische Vielfache“ μ_{krit} des gegebenen Belastungszustandes bezeichnet.

Sind z. B. S und EJ_y bzw. EJ_z längs s konstant und wird der Betrag von S beim gegebenen Belastungszustand mit S^{ggb} bezeichnet, so ist, falls $S^{ggb} < 0$ ist (Druck, vgl. Gl. 8), μ_{krit} der kleinere der beiden Zahlenwerte

$$\mu^{(z)} = \frac{SEu,z}{S^{ggb}}, \quad \mu^{(y)} = \frac{SEu,y}{S^{ggb}}. \tag{9}$$

Allgemein kann μ_{krit} gefunden werden, indem die Nennerdeterminanten Δ_z und Δ_y der Gl. 1_z, 5_z bzw. 1_y, 5_y oder 6_z, 7_z, 8_z bzw. 6_y, 7_y, 8_y (Tfl. 1) für verschiedene Vielfache μ des gegebenen Belastungszustandes — zweckmäßig mit $\mu = 0$ angefangen — ausgerechnet und über μ aufgetragen werden (s. Bild 4), um festzustellen, bei welchem Betrag μ die Nennerdeterminante Δ_z oder Δ_y erstmalig zu Null wird.

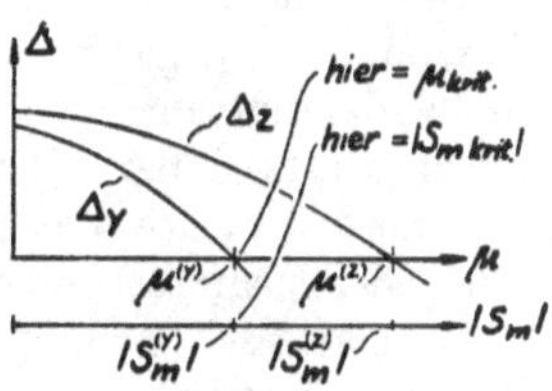

Bild 4. Zur Feststellung des kritischen Vielfachen

Statt über μ kann Δ_z und Δ_y natürlich auch über einer anderen, das jeweilige Vielfache des gegebenen Belastungszustandes kennzeichnenden Größe aufgetragen werden. Zweckmäßig ist z. B.:
(s. Bild 4) das Auftragen über dem Betrag der „mittleren Druckkraftprojektion“

$$S_m = \frac{\Sigma^* S_{i,\,i+1}\,\Delta x_{i,\,i+1}}{s}, \tag{10}$$

Σ^* erstreckt nur über diejenigen Abschnitte Δx, in denen $S < 0$ (Druck) ist. Der dem kritischen Vielfachen μ_{krit} entsprechende Betrag von S_m sei dann als „kritische mittlere Druckkraftprojektion“ $S_{m\,\text{krit}}$ bezeichnet.

Ein anschaulicheres Vorgehen zur Ermittlung von μ_{krit} usw. besteht darin, daß die Durchbiegungen $\widehat{w}_{z(j)}$ und $\widehat{w}_{y(j)}$ einer Stelle j für verschiedene Werte μ berechnet werden und — s. Bild 3 — über μ (oder S_m) aufgetragen werden, um festzustellen, bei welchem Betrag μ usw. sie erstmalig unendlich groß werden. Dieses Vorgehen bietet auch den Vorteil, daß die Beträge der betreffenden Durchbiegung bei den einzelnen Vielfachen μ des gegebenen Belastungszustandes iterativ ermittelt werden können. Es versagt aber, wenn ein Belastungszustand entsprechend VI B 4 c β (1) oder (2) vorliegt, und es läßt bei Belastungszuständen entsprechend VI B 4 c β (3) das Unbestimmt-Werden der Durchbiegungen gar nicht erkennen (es sei denn, daß die Nennerdeterminante verfolgt wird). — Ob zufällig ein Belastungszustand der zuletzt genannten Art vorliegt, läßt sich normalerweise daran erkennen, daß $\widehat{w}_z$ bzw. $\widehat{w}_y$ an einer oder mehreren Stellen des Stabes, die nicht parallel z bzw. y gefesselt sind, ständig, d. h. unabhängig von μ, den Betrag Null aufweisen.

Liegt ein Belastungszustand entsprechend VI B 4 c β vor, so kann die Berechnung von μ_{krit} usw. trotzdem in der zuletzt geschilderten Weise durchgeführt werden, wenn zum gegebenen Belastungszustand noch ein zusätzlicher Querbelastungszustand hinzugenommen wird, der so gewählt ist, daß das geschilderte Versagen nicht mehr eintritt. (Die Beträge μ_{krit} usw. hängen nur von dem in der Belastung enthaltenen Längsbelastungszustand ab.)

Die Gleichungen für $\widehat{w}_z$ bzw. $\widehat{w}_y$ (s. Tafel 1 und 2) ergeben wiederum endliche eindeutige Beträge $\widehat{w}$, sobald $\mu = \mu_{\text{krit}}$ überschritten ist. Derartige Belastungszustände kommen natürlich für den einzelnen Elementarstab keinesfalls mehr in Frage. — Die betr. Beträge $\widehat{w}$ sind nur dann von Bedeutung, wenn der einzelne Stab in einer statisch unbestimmten Anordnung einseitig oder beiderseitig biegesteif angeschlossen ist (und wenn dem Rechnung getragen wird); s. dazu VII und VIII. – Zur Ermittlung der betr. Beträge $\widehat{w}$ kommt die in VI B 1 gezeigte iterative Auflösung nicht mehr in Betracht; denn die Iteration versagt – von Ausnahmefällen abgesehen – bei $\mu > \mu_{\text{krit}}$ (es sei denn, daß besondere rechnerische Maßnahmen, auf die hier nicht eingegangen werden kann, ergriffen werden).

C. Verallgemeinerung

1. Vorbemerkung

Z. B. die Gleichungen 1_z (s. Tafel 1) für $\widehat{w}_z$ sind, wie leicht nachgeprüft werden kann, identisch den in Bd. II aufgeführten Gleichungen 95a, die für die primären Durchbiegungen w_z dann gelten würden, wenn zugleich mit dem gegebenen Belastungszustand noch zusätzliche „fiktive“ Kräfte mit folgenden Beträgen wirkten:

$$P^{w}_{z(i)} = S_{i,\,i+1}\,\frac{\widehat{w}_{z(i+1)} - \widehat{w}_{z(i)}}{\Delta x_{i,\,i+1}} - S_{i-1,\,i}\,\frac{\widehat{w}_{z(i)} - \widehat{w}_{z(i-1)}}{\Delta x_{i-1,\,i}} \;{}^{1)}. \quad (11)$$

2. Vollständige statische Größen usw. von statisch bestimmten ebenen Stabwerken

Von Vorstellungen obiger Art wird zweckmäßig Gebrauch gemacht, wenn es sich um die Ermittlung der vollständigen statischen Größen von Stabwerken handelt. So läßt sich die Berechnung der vollständigen Schnittlasten usw. eines ebenen, in seiner Ebene belasteten Stabwerks (evtl. Gelenkfachwerks oder Stabzuges[2])) auf die Verfahren zur Berech-

[1]) Zu denken als Summe der lotrechten Längskraft-Komponenten unmittelbar rechts und links von i (Stab-Biegelinie ersetzt durch ihr Sehnenpolygon).

[2]) Z. B. eines krummen Stabes, der durch ein Sehnenpolygon ersetzt ist.

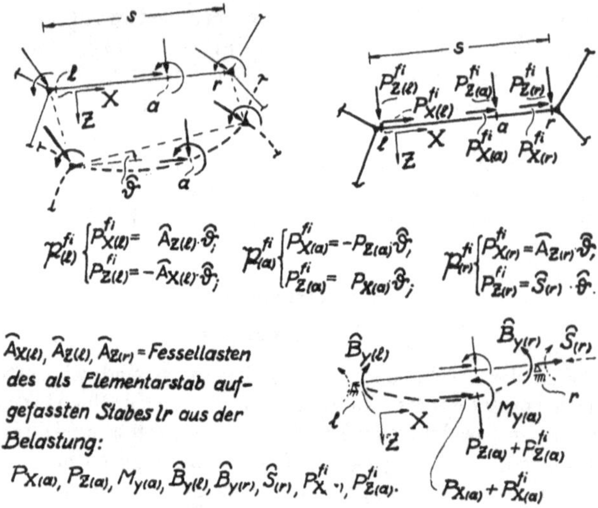

Bild 5. Fiktive Kräfte an einem Stab in einem Stabwerk mit geraden Stäben

nung von primären Schnittlasten usw. zurückführen, wenn zusätzlich zum gegebenen Belastungszustand noch „fiktive“ Kräfte angenommen werden, und zwar lt. Bild 5:

$\mathfrak{P}_l^{fi}$ und $\mathfrak{P}_r^{fi}$ an den Enden l und r der einzelnen Stäbe,

$\mathfrak{P}_a^{fi}$ an den ggf. im Bereich l—r liegenden Angriffsstellen a von Kräften $\mathfrak{P}_a$ des gegebenen Belastungszustandes.

Durch diese fiktiven Kräfte wird im einzelnen berücksichtigt, daß mit der Stab-Drehung $\widehat{\vartheta}$ folgende Änderungen am Stab eintreten[1]): Die Wirkungslinien der Stab-Endschnittlasten

[1]) Ein i. a. kleiner Anteil aus der Stab-Längenänderung ist vernachlässigt. — Die $\mathfrak{P}^{fi}$ dienen zur Berücksichtigung anderer Einflüsse als die in Gl. 11 mit $\mathfrak{P}^{w}$ bezeichneten Größen!

und -Fessellasten bei l und r (s. IV A 2) drehen sich um den Betrag $\widehat{\vartheta}$; der Winkel zwischen einer (richtungstreuen) Kraft (an der Stelle a) und der Stab-Systemlinie ändert sich ebenfalls um den Betrag $\widehat{\vartheta}$.

Vorbehaltlich anderer Möglichkeiten des Vorgehens im Einzelfall, wird im folgenden ein Schema zum iterativen Rechnen mit fiktiven Kräften angegeben[1]). Der Übersichtlichkeit wegen ist die Darstellung auf ein Stabwerk ohne Kragträger bezogen; sie kann leicht auf Stabwerke mit Kragträgern ausgedehnt werden.

Schritt „I":

Stabwerk belastet mit dem gegebenen Belastungszustand, d. h. mit Lasten $\mathfrak{P}_k$, $M_{y(k)}$ (an den Knoten) und Lasten $\mathfrak{P}_a$, $M_{y(a)}$ (an Stellen a der Stab-Systemlinien); noch keine fiktiven Kräfte angesetzt!

a) Zu dieser Belastung werden die primären Beträge der End-Schnittlasten, s. IVA2a (1), ermittelt: $S^{\mathrm{I}}_{(r)}$, $B^{\mathrm{I}}_{y(l)}$, $B^{\mathrm{I}}_{y(r)}$[2]). (Der Zeiger I kennzeichnet die Zugehörigkeit zum Schritt „I".)

b) Stäbe $l-r$ nunmehr aufgefaßt als verformbare Elementarstäbe mit starren Fesseln, belastet mit $\mathfrak{P}_a$, $M_{y(a)}$ sowie mit End-Lasten (s. Bd. II, Gl. 2) $P_{X(r)} = S^{\mathrm{I}}_{(r)}$, $M_{y(l)} = -B^{\mathrm{I}}_{y(l)}$, $M_{y(r)} = B^{\mathrm{I}}_{y(r)}$; — dazu (s. VI B 1):

Berechnung der charakteristischen Verschiebungsgrößen δ^{I}_s, $\widehat{\tau}^{\mathrm{I}}_{yl}$, $\widehat{\tau}^{\mathrm{I}}_{yr}$ (s. V B 1e, VI B 3 und Tafel 2);

[1]) Der Leser versuche selbst, die Notwendigkeit der im folgenden dargelegten Operationen zu erkennen, und zwar auf Grund von V A und an Hand von Bild 5. Quadratisch von ϑ abhängige Ausdrücke sind vernachlässigt.

[2]) Handelt es sich um ein als Gelenkfachwerk aufgefaßtes Fachwerk, so ist $B^{\mathrm{I}}_{y(l)} = B^{\mathrm{I}}_{y(r)} = 0$.

ferner — für die Stäbe, an denen äußere Kräfte wirken —

Berechnung der Biegelinien $\widehat{w}_Z^{St\,\mathrm{I}}$ [1]);

schließlich — für alle Stäbe —

Berechnung der Stab-Fesselkräfte $\widehat{A}^{\mathrm{I}}_{X(l)} = A^{\mathrm{I}}_{X(l)}$, $\widehat{A}^{\mathrm{I}}_{Z(l)}$, $\widehat{A}^{\mathrm{I}}_{Z(r)}$ [2]).

c) Ermittlung der Stab-Drehungen ϑ^{I}_y des Stabwerks, indem so getan wird, als handelte es sich um die primären Stab-Drehungen ϑ infolge der berechneten Beträge δ^{I}_s, $\widehat{\tau}^{\mathrm{I}}_{yl}$, $\widehat{\tau}^{\mathrm{I}}_{yr}$ (s. V D); — d a z u:

Berechnung der „fiktiven" Kräfte $\mathfrak{P}^{fi\,\mathrm{I}}_l$, $\mathfrak{P}^{fi\,\mathrm{I}}_r$ und $\mathfrak{P}^{fi\,\mathrm{I}}_a$ durch Einsetzen der gefundenen Beträge $S^{\mathrm{I}}_{(r)}$, $\widehat{A}^{\mathrm{I}}_{X(l)} = A^{\mathrm{I}}_{X(l)}$, $\widehat{A}^{\mathrm{I}}_{Z(l)}$, $\widehat{A}^{\mathrm{I}}_{Z(r)}$, ϑ^{I} in die Gleichungen lt. Bild 5.

d) (Ggf.) Berechnung der folgenden (m e i s t e n s u n b e d e u t e n d e n) Stab-Fesselkraft-Anteile aus Kräften (bzw. Kraft-Komponenten) $P_{X(a)}$, $P^{fi\,\mathrm{I}}_{X(a)}$:

$$\varDelta A^{\mathrm{I}}_{Z(l)} = \frac{1}{s}\,\Sigma\,(P_{X(a)} + P^{fi\,\mathrm{I}}_{X(a)})\,\widehat{w}^{St\,\mathrm{I}}_{Z(a)}\,,$$

$$\varDelta A^{\mathrm{I}}_{Z(r)} = -\frac{1}{s}\,\Sigma\,(P_{X(a)} + P^{fi\,\mathrm{I}}_{X(a)})\,\widehat{w}^{St\,\mathrm{I}}_{Z(a)}$$

(Σ erstreckt über die zwischen l und r liegenden Kraft-Angriffsstellen a).

Schritt „II":

Stabwerk belastet mit $\mathfrak{P}_k$, $M_{y(k)}$, $\mathfrak{P}_a$, $M_{y(a)}$, ferner mit den in Schritt „I" c) gefundenen fiktiven Kräften $\mathfrak{P}^{fi\,\mathrm{I}}_l$, $\mathfrak{P}^{fi\,\mathrm{I}}_r$, $\mathfrak{P}^{fi\,\mathrm{I}}_a$ sowie ggf. noch mit (Aktions-)Kräften lt. Schritt „I" d), nämlich: $P^{*\,\mathrm{I}}_{Z(l)} = \varDelta A^{\mathrm{I}}_{Z(l)}$ und $P^{*\,\mathrm{I}}_{Z(r)} = \varDelta A^{\mathrm{I}}_{Z(r)}$.

---

[1]) Wegkomponenten bezüglich X vernachlässigt. — Der Zeiger St dient zur Kennzeichnung dessen, daß der Stab $l-r$ hier (ähnlich wie in V D 1 a) als selbständiger Elementarstab mit starren Fesseln betrachtet wird.

[2]) Soweit am Stab keine Kräfte P^{I}_X angreifen, ist $\widehat{A}^{\mathrm{I}}_Z = A^{\mathrm{I}}_Z$.

a) Zu dieser Belastung werden die End-Schnittlasten nach Abschn. IV ermittelt: $S_{(r)}^{II}$, $B_{y(l)}^{II}$, $B_{y(r)}^{II}$; vgl. die Fußnote [2]) auf S. 21. (Der Zeiger ^{II} kennzeichnet die Zugehörigkeit zum Schritt „II".)

b) Stäbe l—r nunmehr wiederum aufgefaßt als verformbare Elementarstäbe mit starren Fesseln, belastet mit $\mathfrak{P}_a$, $M_{y(a)}$, $\mathfrak{P}_a^{fi\,I}$ sowie mit End-Lasten (s. Bd. II, Gl. 2) $P_{X(r)} = S_{(r)}^{II}$ $M_{y(l)} = -B_{y(l)}^{II}$, $M_{y(r)} = B_{y(r)}^{II}$; — dazu (s. VI B 1):

. . . .

usf., analog dem zu Schritt „I" unter b), c) und d) Ausgeführten.

Schritte „III", „IV", . . . analog dem Schritt „II", bis die in einem Schritt „N" gefundenen Beträge der einzelnen statischen Größen sich nicht mehr wesentlich von den im vorangegangenen Schritt „N – I" gefundenen unterscheiden.

Das kritische Vielfache μ_{krit} eines gegebenen Belastungszustandes kann dann wieder in der Weise bestimmt werden, daß eine geeignete Verschiebungsgröße (z. B. eine Stab-Drehung) für verschiedene Beträge μ ermittelt wird, um festzustellen, bei welchem Betrag μ ($= \mu_{\text{krit}}$) sie erstmalig unendlich groß wird. Die am Ende von VI B 4 d gemachten Vorbehalte gelten hierbei entsprechend. — Auf das seitliche Knicken des ebenen Stabwerks (Knicken aus der Stabwerksebene heraus) kann hier nicht eingegangen werden.

VII. Schnittlastenmethode[1])

A. Statische Unbestimmtheit

Ein Stabwerk heißt „n-fach statisch unbestimmt“, wenn die Anzahl der Unbekannten in seinen Stabwerksgleichungen (vgl. IV A 3) um die Zahl n größer ist als die Anzahl dieser Gleichungen. – Handelt es sich um ein ebenes Stabwerk (s. IV A 3a), so kann ggf. gesagt werden, es sei „in seiner Ebene“ oder „senkrecht zu seiner Ebene“ n-fach

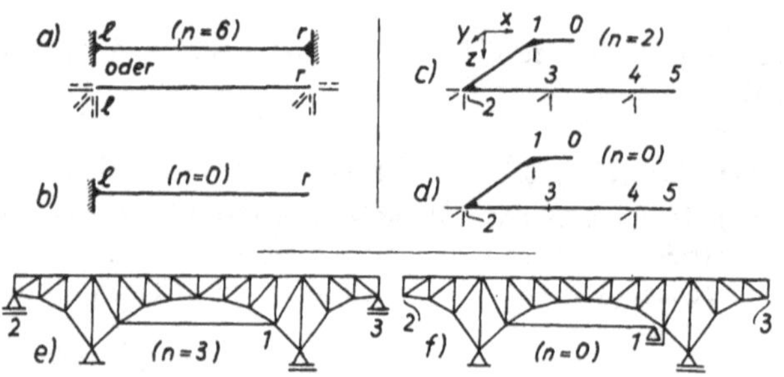

Bild 6. Feststellung der statischen Unbestimmtheit

statisch unbestimmt, je nachdem nämlich, ob ausgesprochen werden soll, die Anzahl der Unbekannten in der einen oder in der anderen Gruppe seiner Stabwerksgleichungen sei um eine Zahl n größer als die der betr. Gleichungen.

Die Feststellung, wievielfach statisch unbestimmt ein Stabwerk ist, kann oft schon ohne näheres Eingehen auf seine Stabwerksgleichungen getroffen werden (s. Bild 6): Neben dem gegebenen Stabwerk wird ein statisch bestimmtes entwickelt ($n = 0$), das in der Anordnung und

[1]) Die nachfolgenden Ausführungen gelten nur, solange keine Spannungen jenseits der Gültigkeitsgrenze des Geradlinigkeitsgesetzes auftreten.

in der Anzahl seiner (eigentlichen und Fessel-) Stäbe so weit wie möglich mit dem gegebenen übereinstimmt; dann wird festgestellt, wieviel Fesseln – gleichwohl äußere wie innere (vgl. I D 1, III A 2) – noch eingebaut werden müssen, damit aus dem statisch bestimmten Stabwerk das gegebene entsteht. – Der 6fach statisch unbestimmte Stab in Bild 6a wird z. B. aus einem (statisch bestimmten) Kragträger (Bild 6b) gewonnen, indem noch 6 Fesseln eingebaut werden. — Das in der Ebene zx und senkrecht zu ihr je 1fach statisch unbestimmte Stabwerk in Bild 6c wird z. B. aus einem statisch bestimmten Stabzug (Bild 6d) gewonnen, indem noch eine Wegfessel parallel y und eine weitere parallel z eingebaut wird. – Das in seiner Ebene 3fach statisch unbestimmte ebene Gelenkfachwerk in Bild 6e wird z. B. aus einem (statisch bestimmten) Dreieck-Fachwerk (Bild 6f) gewonnen, indem eine innere Wegfessel bei 1 und je eine äußere Wegfessel bei 2 und 3 eingebaut werden.

B. Verwendung von statisch bestimmten Grundsystemen

1. Schnittlasten als statisch Unbestimmte

a) Statisch bestimmtes Grundsystem und statisch Unbestimmte

Indem an einem n-fach statisch unbestimmten Stabwerk n Fesseln zerschnitten werden - gleichwohl innere wie äußere -, kann aus ihm ein statisch bestimmtes gemacht werden (s. Bild 7). Dieses wird ein „statisch bestimmtes Grundsystem“ oder – kurz – ein „Grundsystem“ zum gegebenen Stabwerk genannt. – Das Zerschneiden einer Fessel ist gleichbedeutend damit, daß ein Zylindergelenk bzw. eine Wegverschieblichkeit eingeschaltet wird (vgl. IV A 2 c). Wenn es sich um ein Fachwerk handelt, das als Gelenkfachwerk aufgefaßt wird, sei unter dem Zerschneiden einer inneren Fessel stets verstanden, daß an einem Ende eines

Stabes eine dem Stab parallele Wegverschieblichkeit eingeschaltet wird.

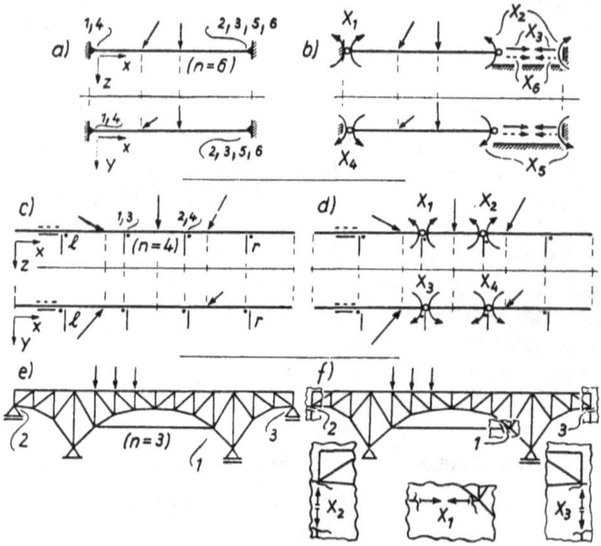

Bild 7. Statisch unbestimmte Stabwerke (*a*, *c*, *e*) und statisch bestimmte Grundsysteme (*b*, *d*, *f*).

Zu einem gegebenen n-fach statisch unbestimmten Stabwerk sei ein statisch bestimmtes Grundsystem hergestellt. Die zu diesem Zweck zerschnittenen Fesseln seien mit $1, 2, \ldots i, \ldots n$ bezeichnet (s. Bild 7). Die Schnitt- bzw. Fessellasten, die – im gegebenen Stabwerk – in diesen Fesseln wirken, seien

„statisch unbestimmten Größen" oder „statisch Unbestimmte" $X_1, X_2, \ldots X_i, \ldots X_n$ [1])

[1]) Gewöhnlich wird im Sprachgebrauch kein Unterschied zwischen einer „statisch Unbestimmten" und ihrem Betrag gemacht. Gleiches gilt auch für andere statische Größen und ihre Beträge.

des gegebenen Stabwerks genannt (s. Bild 7; eine Verallgemeinerung folgt in VII B 2).

An einem n-fach statisch unbestimmten Stabwerk wirke:

ein gewisser Belastungszustand, gegeben durch Lasten $\mathfrak{P}$, $\mathfrak{M}$,

oder ein Temperaturzustand oder ein irgendwie eingeprägter Formänderungszustand,

ev. auch eine Kombination von mehreren Zuständen solcher Art.

Die unter diesem Zustand „0“ auftretenden statischen Größen seien z. B.: $A_{x(j);0}, \ldots A_{z(j);0}, \ldots B_{Y(j);0}, S_{(j);0}, \ldots \varphi_{y(j);0}, \ldots w_{z(j);0}, \ldots \delta_{(j);0}$, allgemein: $C_{(j);0}$. — Speziell für die auftretenden Beträge der statisch Unbestimmten werde geschrieben: $X_{1;0}, X_{2;0}, \ldots X_{i;0}, \ldots X_{n;0}$.

b) Überlagerungsformel und Elastizitätsgleichungen

Dieselben Beträge $C_{(j);0}$ wie im gegebenen Stabwerk ergeben sich auch in einem statisch bestimmten Grundsystem, wenn an diesem folgendes angebracht wird (s. die Bilder 7, 8d, 9g):

der Zustand „0“ und zugleich — an den Schnittufern der zerschnittenen Fesseln — Lasten gleich den (noch unbekannten) statisch Unbestimmten $X_{1;0}, \ldots X_{n;0}$.

Nun bezeichne:

$C^0_{(j);0}$ den Betrag einer statischen Größe des Grundsystems, der sich ergibt, wenn am Grundsystem der Zustand „0“ (allein) wirkt (s. die Bilder 8b, 9b);

$C^0_{(j);i}$ $(i = 1, \ldots n)$ den Betrag derselben statischen Größe des Grundsystems, der sich ergibt, wenn am Grundsystem — an den Schnittufern der zerschnittenen Fessel i — eine (der Fessel entsprechende) Schnitt- bzw. Fessellast vom Betrage

+ 1 angebracht wird – kurz: den Betrag der betr. statischen Größe, der sich im Grundsystem beim Zustand „$X_i = 1$" ergibt (s. die Bilder 8c, 9c, ... f).

Sofern eine statische Größe $C_{(j)}$ linear von der Belastung usw. abhängt, folgt aus dem oben Gesagten die „Überlagerungsformel":

$$C_{(j);0} = C^0_{(j);0} + X_{1;0} \cdot C^0_{(j);1} + \cdots X_{i;0} \cdot C^0_{(j);i} + \cdots X_{n;0} \cdot C^0_{(j);n}. \quad (12)$$

Unter dem Zustand „0", desgl. unter jedem der Zustände „$X_i = 1$", am Grundsystem treten an den Schnittufern der

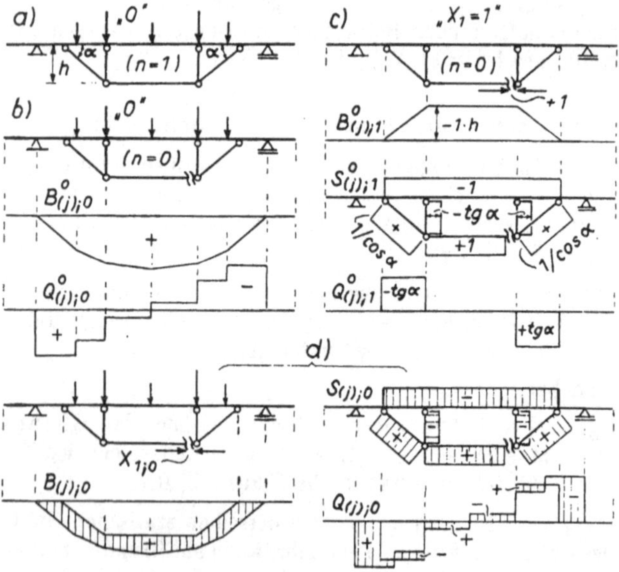

Bild 8. In seiner Ebene 1fach statisch unbestimmtes Stabwerk

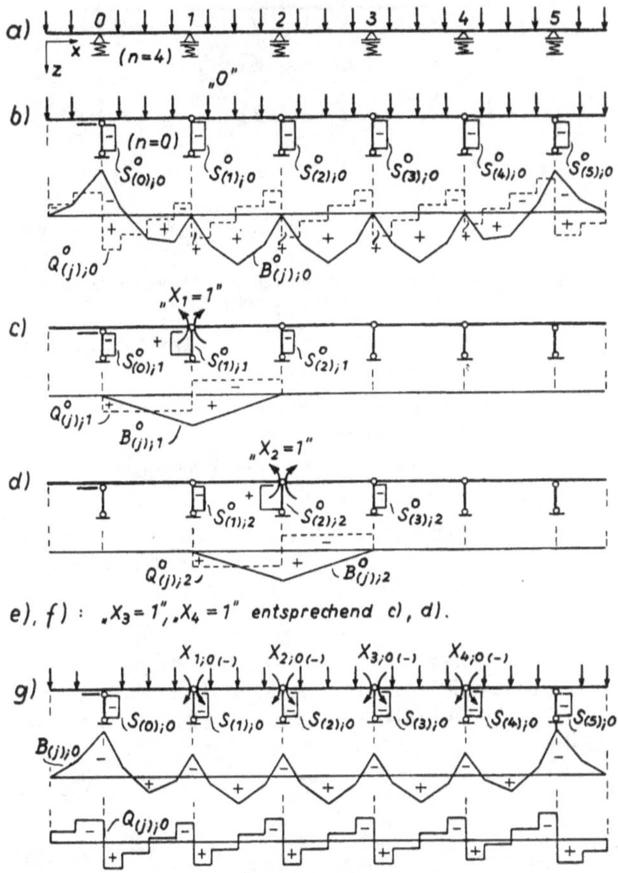

Bild 9. In der Bild-Ebene 4fach statisch unbestimmtes Stabwerk (Träger auf 6 Stützen)

	$X_{1;0}$	$X_{2;0}$	…	$X_{i;0}$	…	$X_{k;0}$	…	$X_{n;0}$		
Gl. „1":	$\delta_{1;1}$	$\delta_{1;2}$	…	$\delta_{1;i}$	…	$\delta_{1;k}$	…	$\delta_{1;n}$	$\delta_{1;0}$	$\cdot 0$
Gl. „2":	$\delta_{2;1}$	$\delta_{2;2}$	…	$\delta_{2;i}$	…	$\delta_{2;k}$	…	$\delta_{2;n}$	$\delta_{2;0}$	$\cdot 0$
….	…	…	…	…	…	…	…	…	…	…
Gl. „i":	$\delta_{i;1}$	$\delta_{i;2}$	…	$\delta_{i;i}$	…	$\delta_{i;k}$	…	$\delta_{i;n}$	$\delta_{i;0}$	$\cdot 0$
….	…	…	…	…	…	…	…	…	…	…
Gl. „k":	$\delta_{k;1}$	$\delta_{k;2}$	…	$\delta_{k;i}$	…	$\delta_{k;k}$	…	$\delta_{k;n}$	$\delta_{k;0}$	$\cdot 0$
….	…	…	…	…	…	…	…	…	…	…
Gl. „n":	$\delta_{n;1}$	$\delta_{n;2}$	…	$\delta_{n;i}$	…	$\delta_{n;k}$	…	$\delta_{n;n}$	$\delta_{n;0}$	$\cdot 0$

Tafel 3. Elastizitätsgleichungen der Schnittlastenmethode
(s. auch die Fortsetzung auf Seite 31)

Fesseln 1, … n gewisse Verschiebungssprünge auf (s. V B 1 c ε u. ζ). Speziell bedeute:

$\delta^0_{i;0}$ ($i = 1, \dots n$) den Verschiebungssprung bei i, der unter dem Zustand „0" auftritt,

$\delta^0_{i;k}$ ($i = 1, \dots n$; $k = 1, \dots n$) den Verschiebungssprung bei i, der unter dem Zustand „$X_k = 1$" auftritt.

Die Beträge dieser Verschiebungssprünge sollen als positiv gelten, wenn der Sprung im Sinne positiver Schnitt- bzw. Fessellast X_i erfolgt (vgl. III D 1).

Am gegebenen (n-fach statisch unbestimmten) Stabwerk, an dem die Fesseln 1, … n nicht zerschnitten sind, können solche Verschiebungssprünge nicht auftreten. Dort gilt also – unter dem Zustand „0" – (s Gl. 12):

$$\delta_{i;0} = \delta^0_{i;0} + X_{1;0} \cdot \delta^0_{i;1} + \cdots X_{i;0} \cdot \delta^0_{i;i} + \cdots X_{n;0} \cdot \delta^0_{i;n} = 0$$

oder

$$X_{1;0} \cdot \delta^0_{i;1} + \cdots X_{i;0} \cdot \delta^0_{i;i} + \cdots X_{n;0} \cdot \delta^0_{i;n} + \delta^0_{i;0} = 0 \quad (13)$$

($i = 1, 2, \dots n$),

„Elastizitätsgleichungen der Schnittlastenmethode" (s. Taf. 3).

$$\delta^0_{i;0} = \sum \int_\ell^r B^0_{Y(j);i} \left(\frac{B^0_{Y(j);0}}{EJ_{Y(j)}} dX + \alpha_t \cdot \frac{t_{u(j);0} - t_{o(j);0}}{h_{(j)}} dX + \delta'^0_{\varphi Y(j);0} \right) {}^{*)}$$
$$+ \sum \int_\ell^r S^0_{(j);i} \left(\frac{S^0_{(j);0}}{EF_{(j)}} dX + \alpha_t \cdot t_{Sch(j);0}\, dX + \delta'^0_{wX(j);0} \right) {}^{**)}$$
$$+ \sum \int_\ell^r T^0_{(j);i} \left(\frac{T^0_{(j);0}}{GJ_{T(j)}} dX + \delta'^0_{\varphi X(j);0} + \cdots \right) {}^{**)} + \cdots\cdots\cdots .$$

*) Statt $\int_\ell^r \ldots$ ggf. (s. Anm. 1) auch: $B^0_{Y(r);i} \cdot \tau^0_{Y(r);0} - B^0_{Y(\ell);i} \cdot \tau^0_{Y(\ell);0}$.

**) Im Sonderfall lt. Anm. 2 wird $\int_\ell^r \ldots$ zu: $S^0_{(\ell r);i} \left(\frac{S^0_{(\ell r);0}}{EF_{(\ell r)}} \cdot s_{(\ell r)} + \alpha_t \cdot t_{Sch(\ell r);0} \cdot s_{(\ell r)} + \delta s'^0_{(\ell r);0} \right)$ bzw. zu: $T^0_{(\ell r);i} \left(\frac{T^0_{(\ell r);0}}{GJ_{T(\ell r)}} s_{(\ell r)} + \delta'^0_{X(\ell r),0} + \cdots \right)$.

$$\delta^0_{i;k} = \sum \int_\ell^r B^0_{Y(j);i} \frac{B^0_{Y(j);k}}{EJ_{Y(j)}} dX \quad {}^{\circ)}$$
$$+ \sum \int_\ell^r S^0_{(j);i} \frac{S^0_{(j);k}}{EF_{(j)}} dX \quad {}^{\circ\circ)}$$
$$+ \sum \int_\ell^r T^0_{(j);i} \left(\frac{T^0_{(j);k}}{GJ_{T(j)}} dX + \cdots \right) {}^{\circ\circ)} + \cdots\cdots\cdots .$$

°) Statt $\int_\ell^r \ldots$ ggf. (s. Anm. 1) auch: $B^0_{Y(r);i} \cdot \tau^0_{Y(r);k} - B^0_{Y(\ell);i} \cdot \tau^0_{Y(\ell);k}$.

°°) Im Sonderfall lt. Anm. 2 wird $\int_\ell^r \ldots$ zu: $S^0_{(\ell r);i} \cdot \frac{S^0_{(\ell r);k}}{EF_{(\ell r)}} \cdot s_{(\ell r)}$ bzw. zu: $T^0_{(\ell r);i} \left(\frac{T^0_{(\ell r);k}}{GJ_{T(\ell r)}} \cdot s_{(\ell r)} + \cdots \right)$.

Anmerkung 1. Das hinter *) und °) Gesagte gilt nur, wenn $B^0_{Y(j);i}$ längs dem (geraden) Stab ℓ-r geradlinig verläuft (vgl. Bd. II, Gl. 73b u. 79b). Z.B. $\tau^0_{r;0}$, $\tau^0_{\ell;0}$ bedeuten jetzt die End-Drehungen von ℓ-r, aufgefaßt als Elementarstab, der so belastet ist, daß seine Biegemomente gleich $B^0_{Y(j);0}$ sind, und dem die -ggf.- zum Zustand „0" gehörenden Temperaturen usw. eingeprägt sind.

Anmerkung 2. Das hinter **) und °°) Angegebene gilt nur, wenn die in $\int_\ell^r \ldots$ eingehenden Schnittlasten, Steifigkeiten, ggf. Temperaturen usw. über die Länge $s_{(\ell r)}$ des (geraden) Stabes ℓ-r konstant sind.

Tafel 3 (Fortsetzung)

Die Absolutglieder $\delta^0_{i;0}$ und Beiwerte $\delta^0_{i;k}$ dieser Gleichungen ergeben sich nach der Arbeitsgleichung (s. V B 1):

Als Hilfszustand H ist der Zustand „$X_i = 1$“ zu nehmen, ursächlicher Zustand U ist

zur Ermittlung von $\delta^0_{i;0}$: der Zustand „0“,
zur Ermittlung von $\delta^0_{i;k}$: der Zustand „$X_k = 1$“.

Somit gilt (s. Bd. II, Gleichungen 57, 69b, 71):

$$\delta^0_{i;0} = \Sigma \int_l^r \{B^0_{Y(j);i} \cdot \delta^0_{\varphi Y(j);0} + S^0_{(j);i} \cdot \delta^0_{wX(j);0} + \cdots\}, \qquad (14\,\text{a})$$

$$\delta^0_{i;k} = \Sigma \int_l^r \{B^0_{Y(j);i} \cdot \delta^0_{\varphi Y(j);k} + S^0_{(j);i} \cdot \delta^0_{wX(j);k} + \cdots\}^{1)}. \qquad (14\,\text{b})$$

Hier aus ergeben sich die in Tafel 3 (Fortsetzung) angeschriebenen Ausdrücke (vgl. V B 1).

Die statische Berechnung eines n-fach statisch unbestimmten Stabwerks erfordert somit zunächst Rechnungen am Grundsystem zwecks Ermittlung der Schnittlasten und Verschiebungssprünge unter den einzelnen Zuständen „0“, „$X_1 = 1$“, ... „$X_n = 1$“. Darauf sind die Elastizitätsgleichungen aufzulösen; abschließend ergeben sich die übrigen statischen Größen durch „Überlagerung“ im Sinne von Gl. 12 (s. die Bilder 8 und 9).

Nach V B 1g gilt

$$\delta^0_{i;k} = \delta^0_{k;i}, \qquad (15)$$

m. a. W.: Die Matrix der Elastizitätsgleichungen (s. Tafel 3) ist „symmetrisch zu ihrer Hauptdiagonale“. — Die Elastizitätsgleichungen eines ebenen Stabwerks (s. IV A 3a) zerfallen in zwei voneinander unabhängige Gruppen: in der einen treten nur statisch Unbestimmte innerhalb der

[1]) Der Konsequenz und Übersichtlichkeit wegen ist hier wie auch in Tafel 3 geschrieben $B^0_{Y(j);i}, \ldots$ statt korrekter $B^0_Y(X);_i, \ldots$.

Stabwerksebene auf, in der anderen nur senkrecht dazu.

Soweit elastische Fesselungen oder eingeprägte Verschiebungen, insbesondere von Anschlußstellen, zu berücksichtigen sind, geschieht dieses zweckmäßig nach V B 1f.

Die statischen Größen eines statisch unbestimmten Stabwerks hängen auch von der Temperatur sowie von irgendwie eingeprägten Formänderungsgrößen ab, weil diese über $\delta^0_{i;0}$ in die Elastizitätsgleichungen eingehen.

c) Reduktionssatz

Ist zu einem ursächlichen Zustand U irgendeine Verschiebungsgröße $\delta_{c;U}$ des gegebenen (n-fach statisch unbestimmten) Stabwerks zu ermitteln, so kann lt. Bd. II, Gl. 57, die folgende Gleichung 16a verwendet werden (Zugehörigkeit einer Größe zum Zustand U bzw. zum benötigten Hilfszustand H hier durch Zeiger $_U$ und $_H$ ausgedrückt):

$$\delta_{c;U} = \Sigma \int \{B_{Y(j);H} \cdot \delta_{\varphi Y(j);U} + S_{(j);H} \cdot \delta_{wX(j);U} + \cdots\}. \quad (16a)$$

Zur Ausrechnung kann vom sog. „Reduktionssatz" Gebrauch gemacht werden, der folgendes besagt[1]):

Kennzeichnet der Zeiger ^{0} die Zugehörigkeit einer Größe zu einem Grundsystem des gegebenen Stabwerks, so kann statt Gl. 16a auch geschrieben werden:

$$\delta_{c;U} = \Sigma \int \{B^0_{Y(j);H} \cdot \delta_{\varphi Y(j);U} + S^0_{(j);H} \cdot \delta_{wX(j);U} + \cdots\} \quad (16b)$$

oder auch

$$\delta_{c;U} = \Sigma \int \{B_{Y(j);H} \cdot \delta^0_{\varphi Y(j);U} + S_{(j);H} \cdot \delta^0_{wX(j);U} + \cdots\}. \quad (16c)$$

Hierdurch kann die Ausrechnung von $\delta_{c;U}$ erheblich vereinfacht werden.

---

[1]) Auf die Herleitung kann hier nicht eingegangen werden.

d) Vorbemessung

In $\delta^0_{i;0}$ und $\delta^0_{i;k}$ gehen lt. Tafel 3 die Steifigkeiten der Stab-Elemente ein. Das Ansetzen einer statisch unbestimmten Rechnung erfordert deshalb eine „Vor-Bemessung“. Diese kann z. B. auf Grund derjenigen Beträge der Schnittlasten vorgenommen werden, die sich – unter dem Zustand „0“ – im Grundsystem ergeben. – Wenn dann die Schnittlasten des gegebenen Stabwerks berechnet sind, kann eine neue Bemessung der Stäbe vorgenommen, eine neue Rechnung angesetzt werden usf.

e) Lineare und nicht-lineare Elastizitätsgleichungen

α) Allgemeines

Wird nur mit den primären Beträgen der statischen Größen gerechnet (vgl. VI A; hinreichend steife Konstruktion vorausgesetzt), so sind die Beiwerte $\delta^0_{i;k}$ (wie auch die Absolutglieder $\delta^0_{i;0}$) unabhängig von den statisch Unbestimmten X_i. Dann sind die Elastizitätsgleichungen linear.

Nicht mehr linear werden sie, wenn mit den vollständigen Beträgen der statischen Größen gerechnet wird (s. VI und die Bilder 10 u. 11):
Lt. VII B 1b entsteht nämlich die linke Seite einer Elastizitätsgleichung „i“ durch Überlagern von Verschiebungssprüngen $X_{1;0} \cdot \delta^0_{i;1}, \ldots X_{n;0} \cdot \delta^0_{i;n}$ und $\delta^0_{i;0}$; das erfordert aber lt. VI B 2, daß jeder von diesen Verschiebungssprüngen bereits unter Beachtung derjenigen Längskraftprojektionen ermittelt ist, die sich aus der Belastung des Grundsystems mit dem Zustand „0“ und zugleich mit allen statisch Unbestimmten $X_{1;0}, \ldots X_{n;0}$ ergeben. Deshalb ist beim Ermitteln von $\delta^0_{i;0}$, $\delta^0_{i;1}, \ldots \delta^0_{i;n}$ so zu tun, als gehörten schon zum jeweils dabei anzusetzenden Zustand U (nämlich „0“, $X_1 = 1$“, $\ldots X_n = 1$“) bereits diejenigen

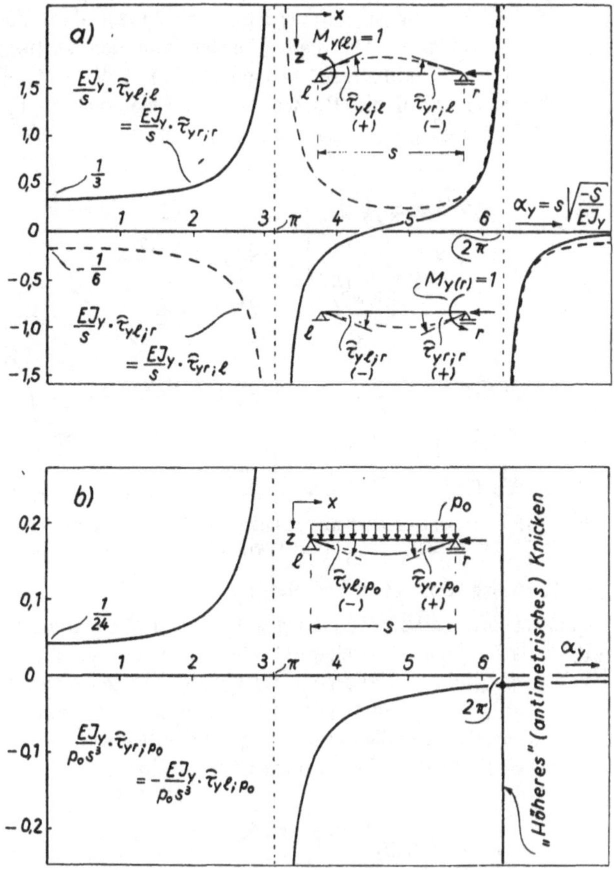

Bild 10. Vollständige End-Drehungen des Elementarstabes (vgl. Tafel 2)

Beträge der Längskraftprojektionen, die sich im gegebenen (n-fach statisch unbestimmten) Stabwerk (unter dem Zustand „0") ergeben. Da diese Beträge von den statisch Unbestimmten X abhängen, bringen sie jetzt die statisch Unbestimmten X in die Beiwerte $\delta^0_{i;k}$ (wie auch in die Absolutglieder $\delta^0_{i;0}$) der Elastizitätsgleichungen.

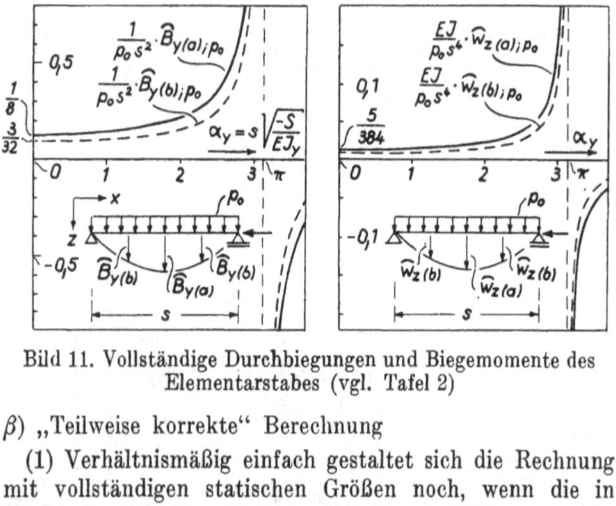

Bild 11. Vollständige Durchbiegungen und Biegemomente des Elementarstabes (vgl. Tafel 2)

β) „Teilweise korrekte" Berechnung

(1) Verhältnismäßig einfach gestaltet sich die Rechnung mit vollständigen statischen Größen noch, wenn die in VI C 2 (s. Bild 5) erläuterten fiktiven Kräfte vernachlässigt werden[1]). Bei einer solchen, nur „teilweise korrekten" Berechnung ist an Stelle der die Biegemomente enthaltenden Ausdrücke in Tafel 3 (Fortsetzung) zu schreiben:

$$\int_l^r B^0_{(j);i} \cdot \frac{\widehat{B}^0_{(j);0}}{EJ_{(j)}} dX, \quad \int_l^r B^0_{(j);i} \cdot \frac{\widehat{B}^0_{(j);k}}{EJ_{(j)}} dX$$

[1]) Vorausgesetzt wird damit eine „hinreichende" Steifigkeit der Konstruktion als Ganzen sowie derjenigen Stäbe, in denen Druckkräfte wirken und an denen (s. Bild 5) Kräfte P_X angreifen.

bzw. (s. auch Tafel 2):

$$B^0_{(r);i} \cdot \widehat{\tau}^0_{r;0} - B^0_{(l);i} \cdot \widehat{\tau}^0_{l;0}; \quad B^0_{(r);i} \cdot \widehat{\tau}^0_{r;k} - B^0_{(l);i} \cdot \widehat{\tau}^0_{l;k}.$$

Zur Ermittlung der darin enthaltenen Größen $\widehat{B}$ bzw. $\widehat{\tau}$ wird der einzelne Stab l—r zweckmäßig als selbständiger Elementarstab (mit starren Fesseln in l und r) aufgefaßt, an dem folgendes wirkt:

die ihm beim Zustand „0“ bzw. beim Zustand „$X_k = 1$“ — ggf. — unmittelbar eingeprägten Lasten, evtl. auch (beim Zustand „0“) Temperaturen usw.,

die Stab-Endmomente (s. IV A 2a) die sich — zum Zustand „0“ bzw. zum Zustand „$X_k = 1$“ — am Grundsystem aus Rechnungen lt. IV ergeben, in denen lediglich die primären Beträge der statischen Größen berücksichtigt werden.

Für die dabei in Rechnung zu setzende Längskraftprojektion wird zunächst ein geschätzter Betrag angesetzt: etwa derjenige, der sich (zum Zustand „0“) aus einer Berechnung des Stabwerks ergibt, in der lediglich die primären Beträge der statischen Größen berücksichtigt werden. (Unter Umständen genügt es, diese Berechnung nur am Grundsystem durchzuführen.)

Mit so oder anders geschätzten Längskraftprojektionen durchgeführt, liefert die „teilweise korrekte“ Berechnung (s. oben) schließlich (u. a.) neue Beträge der Längskraftprojektionen. Indem nunmehr diese — statt der zunächst geschätzten — in Rechnung gesetzt werden, können die Elastizitätsgleichungen von neuem angesetzt werden, usf.

(2) Hat die Längskraftprojektion eines Stabes — annähernd oder genau — den Betrag, bei dem der Stab, wenn er ein selbständiger Elementarstab wäre, knicken würde (vgl. VI B 4, s. die Bilder 3, 10, 11), so werden die von ihm abhängigen Absolutglieder und Beiwerte sehr groß, unend-

lich groß oder unbestimmt. Dann ergeben sich mannigfaltige Schwierigkeiten, auf deren Überwindung hier nicht eingegangen werden kann (zumal sie keine Rolle mehr spielen, wenn nach der in IX behandelten – und hier zweckmäßigeren — Formänderungsmethode vorgegangen wird).

(3) Unendlich groß bzw. unbestimmt werden die statisch Unbestimmten (und damit auch andere Größen), wenn die Nennerdeterminante der Elastizitätsgleichungen – mit zunehmender Belastung und entsprechend zunehmenden (Absolut-)Beträgen der Längskraftprojektionen – den Betrag Null annimmt (vgl. VI B 4). Unendlich große bzw. unbestimmte Verschiebungsgrößen dagegen können u. U. schon vorher zustande kommen. (Auch die hiermit verbundenen Schwierigkeiten spielen keine Rolle mehr, wenn nach der in IX behandelten Formänderungsmethode vorgegangen wird.)

γ) Korrekte Berechnung[1])

Eine korrekte Berechnung kann unter Einführung von fiktiven Kräften lt. VI C 2 (s. Bild 5) durchgeführt werden. Im Hinblick darauf, daß es sich jetzt um statisch unbestimmte Stabwerke handelt, müssen nun aber folgende Änderungen am Wortlaut von VI C 2 vorgenommen werden:

Auf Seite 21 wird in Textzeile 17 hinter „ermittelt" eingefügt: „(nach VII B 1 b)";

auf Seite 23 wird in Textzeile 2 hinter „ermittelt" eingefügt: „(nach VII B 1 e β, wobei die in Schritt „I" gefundenen Längskraftprojektionen berücksichtigt werden)".

---

[1]) Auch hier treten die in β (2) und (3) erwähnten Schwierigkeiten auf.

2. Vielfache von Schnittlasten-Gruppen als statisch Unbestimmte

a) Statisch Unbestimmte

Die voranstehend behandelte Berechnung von statisch unbestimmten Stabwerken kann verallgemeinert werden. Dazu seien die zur Herstellung des Grundsystems zerschnittenen n Fesseln jetzt mit $a, b, \ldots \nu$ bezeichnet und seien als Zustände „$X_1 = 1$", ... „$X_i = 1$", ... „$X_n = 1$" n Schnittlasten-Gruppen eingeführt (s. die Bilder 12 und 13):

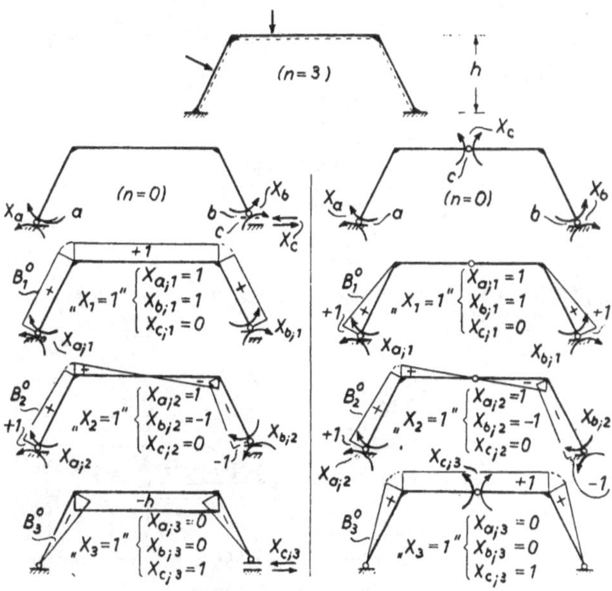

Bild 12. In seiner Ebene 3fach statisch unbestimmter Rahmen

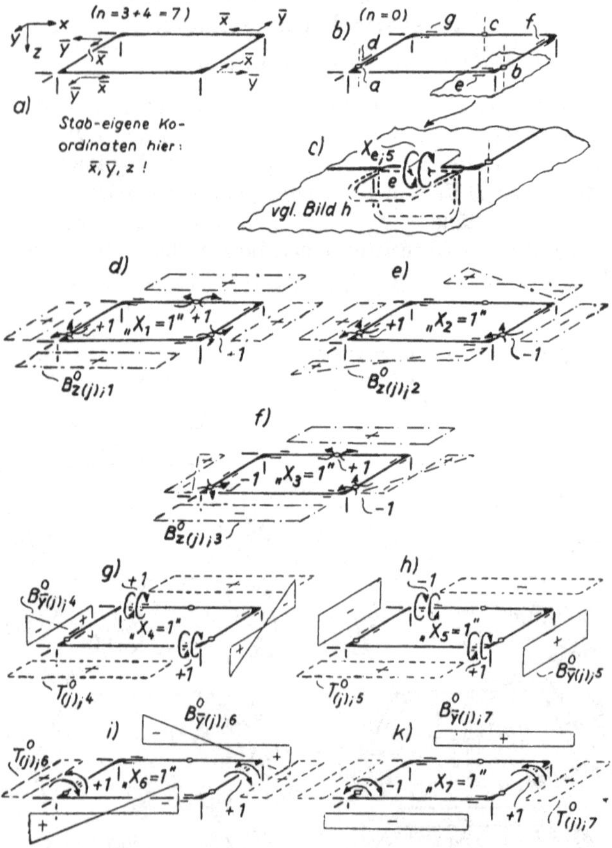

Bild 13. In seiner Ebene 3fach, senkrecht dazu 4fach statisch unbestimmter Rahmen

Z. B. als Zustand „$X_i = 1$" wirke – an den Schnittufern von $a, b, \ldots \nu$ – eine Gruppe von Schnittlasten $X_{a;i}$, $X_{b;i}, \ldots X_{\nu;i}$, deren Beträge irgendwie gewählt seien. Als „statisch Unbestimmte $X_1, \ldots X_i, \ldots X_n$ seien jetzt die Zahlen angesehen, mit denen vervielfacht alle Gruppen „$X_i = 1$" – zugleich mit dem Zustand „0" – am Grundsystem angebracht werden müssen, damit in diesem dieselben Beträge der statischen Größen zustande kommen wie – unter dem Zustand „0" – im gegebenen (n-fach statisch unbestimmten) Stabwerk.

b) Überlagerungsformel und Elastizitätsgleichungen

$C^0_{(j);i}$ bedeute jetzt den Betrag einer statischen Größe des Grundsystems unter der Wirkung der Gruppe „$X_i = 1$". Dann gilt wieder die Überlagerungsformel, Gl. 12.

n Elastizitätsgleichungen ergeben sich aus der Arbeitsgleichung (s. Bd. II, Gl. 57), indem diese lt. folgendem für das Grundsystem angeschrieben wird:

als Zustand H gelte „$X_i = 1$";

als Zustand U gelte gleichzeitiges Wirken des Zustands „0", des $X_{1;0}$-fachen Zustands „$X_1 = 1$", ..., des $X_{n;0}$-fachen Zustands „$X_n = 1$". (Hierbei treten an den zerschnittenen Fesseln $a, b, \ldots \nu$ keine Verschiebungssprünge auf.)

Die so sich ergebenden Elastizitätsgleichungen stimmen formal mit den Gleichungen 13 überein, nur sind ihre – nach wie vor durch Tafel 3 erklärten – Größen $\delta^0_{i;0}$ und $\delta^0_{i;k}$ jetzt nicht mehr als Verschiebungssprünge an einer bestimmten Stelle i aufzufassen, sondern als die[1]) (+1)-fachen bzw. (−1)-fachen virtuellen Arbeiten, welche die äußeren bzw. die inneren Lasten des Zustands „$X_i = 1$"

[1]) Siehe die Gleichungen 54a u. b in Bd. II.

leisten, wenn dem Grundsystem die zum Zustand „0" bzw. zum Zustand „$X_k = 1$" gehörende Formänderung als virtueller Verschiebungszustand erteilt wird.

Speziell für die Schnitt- bzw. Fessellasten in den Fesseln $a, b, \ldots \varkappa, \ldots \nu$ des gegebenen Stabwerks ergibt sich lt. Gl. 12:

$$X_{\varkappa;0} = 0 + \sum_{i=1}^{n} X_{i;0} \cdot X_{\varkappa;i}. \tag{17}$$

$(\varkappa = a, b, \ldots \nu)$.

Die Gruppen „$X_i = 1$" müssen deshalb so beschaffen sein, daß es möglich ist, mit ihnen jede in Frage kommende Schnittlasten-Gruppe $X_{\varkappa;0}$ (linke Seiten der Gleichungen 17) herzustellen. Deshalb kommen als Zustände „$X_i = 1$" nur solche Gruppen $X_{a;i}, \ldots X_{\varkappa;i}, \ldots X_{\nu;i}$ in Frage, mit deren Beträgen die Nennerdeterminante der Gleichungen 17 ($X_{1;0}, \ldots X_{i;0}, \ldots X_{n;0}$ als Unbekannte aufgefaßt) ungleich Null ist.

C. Verwendung von unstabilen Grundsystemen

1. Unstabiles Grundsystem[1])

In einem n-fach statisch unbestimmten Stabwerk seien zunächst wieder n Fesseln $a, \ldots \nu$ — gleichwohl innere wie äußere — zerschnitten, so daß ein statisch bestimmtes Grundsystem entstanden ist. — Anschließend seien weitere μ Fesseln zerschnitten, so daß nun ein μ-fach unstabiles Grundsystem entstanden ist (s. die Bilder 14, 15, 16). Auch an Hand von solchen Grundsystemen kann die Berechnung statisch unbestimmter Stabwerke erfolgen, oft sogar besonders elegant.

Da das unstabile Grundsystem nicht fähig ist, einen beliebig gegebenen Zustand „0" zu tragen, werde diesem eine „Ergänzungsgruppe Y" hinzugefügt, so daß ein »er-

---

[1]) Vgl. hierzu die ganz allgemein gehaltenen Ausführungen von W. Flügge, Bemerkungen zur Theorie statisch unbestimmter Systeme, Zeitschr. f. Angewandte Mathematik u. Mechanik, Bd. XV (1935), Heft 6.

gänzter Zustand „0“« entsteht, der auch vom **unstabilen** Grundsystem getragen werden kann: Die Ergänzungsgruppe Y bestehe in einer Gruppe von Schnittlasten $Y_{a;0}$, $\ldots Y_{\nu;0}$, $Y_{\nu+1;0}, \ldots Y_{\nu+\mu;0}$ an den $\nu+\mu$ zerschnittenen Fesseln. – Zur **Festlegung** einer geeigneten Ergänzungsgruppe Y kann wie folgt vorgegangen werden:

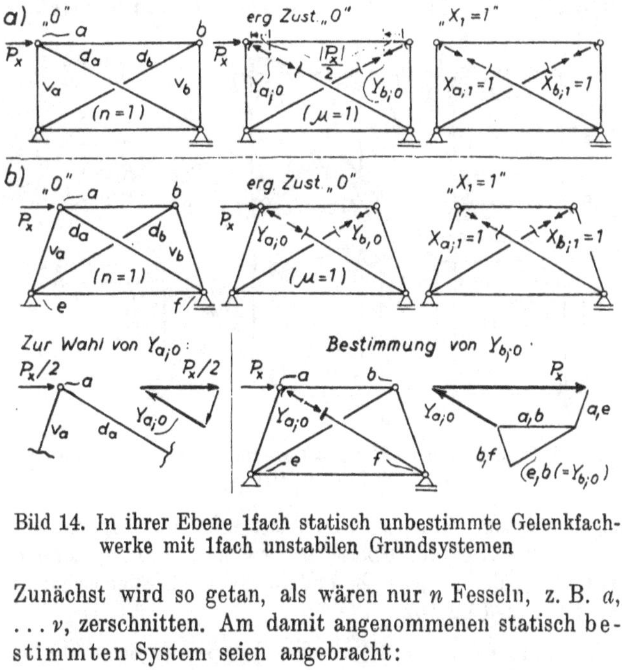

Bild 14. In ihrer Ebene 1fach statisch unbestimmte Gelenkfachwerke mit 1fach unstabilen Grundsystemen

Zunächst wird so getan, als wären nur n Fesseln, z. B. a, $\ldots \nu$, zerschnitten. Am damit angenommenen **statisch bestimmten** System seien angebracht:

der gegebene (noch nicht ergänzte) Zustand „0“ und – an den Schnittufern bei $a, \ldots \nu$ – eine Gruppe von Schnittlasten $Y_{a;0}, \ldots Y_{\nu;0}$, über die **beliebig** verfügt sei. Die dann in den noch **nicht** zerschnittenen Fesseln $\nu+1$,

$\ldots \nu + \mu$ auftretenden Schnittlasten stellen die restlichen μ Größen $Y_{\nu+1;0}, \ldots Y_{\nu+\mu;0}$ einer Ergänzungsgruppe Y (bestehend aus $Y_{a;0}, \ldots Y_{\nu+\mu;0}$) dar.

Beispielsweise können die Beträge $Y_{a;0}, \ldots Y_{\nu;0}$ so angesetzt werden, wie sie – für das gegebene Stabwerk – nach irgendeiner Schätzung erwartet werden (s. dazu die Bilder 14 und 15). – Zwecks Ausnutzung von Symmetrie-

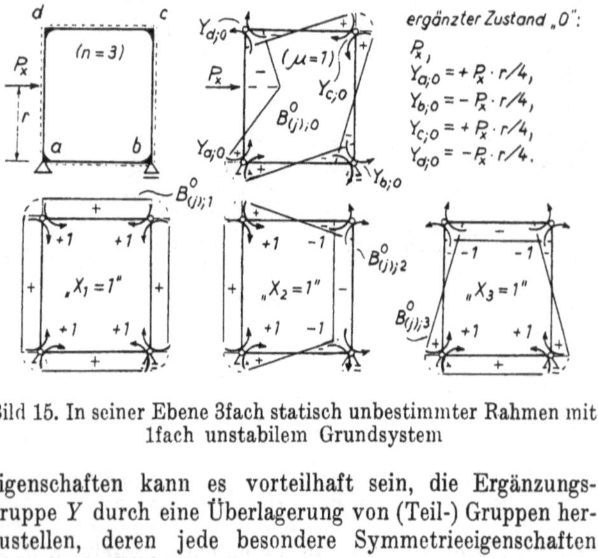

Bild 15. In seiner Ebene 3fach statisch unbestimmter Rahmen mit 1fach unstabilem Grundsystem

eigenschaften kann es vorteilhaft sein, die Ergänzungsgruppe Y durch eine Überlagerung von (Teil-) Gruppen herzustellen, deren jede besondere Symmetrieeigenschaften aufweist (s. Bild 16).

Als Zustand „$X_i = 1$" sei eine Gruppe von Schnittlasten $X_{a;i}, \ldots X_{\nu;i}, X_{\nu+1;i}, \ldots X_{\nu+\mu;i}$ an den $\nu + \mu$ zerschnittenen Fesseln eingeführt (s. die Bilder 14, 15, 16). Jede von ihnen sei so beschaffen, daß sie vom unstabilen Grundsystem getragen werden kann. – Zur Festlegung einer

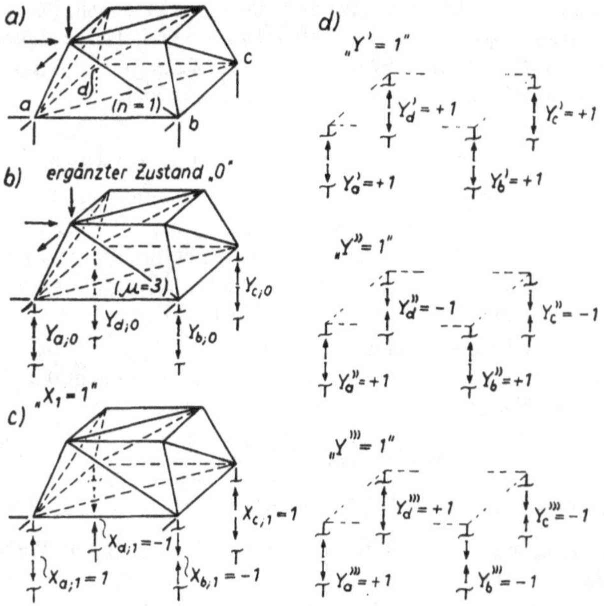

Bild 16. 1fach statisch unbestimmtes Gelenkfachwerk mit 3fach unstabilem Grundsystem (Zustand „$X_1 = 1$“ = sog. „Wölbkraftgruppe“[1]))

geeigneten Schnittlasten-Gruppe „$X_i = 1$“ kann zunächst wieder so getan werden, als wären nur n Fesseln, z. B. wieder $a, \ldots \nu$, zerschnitten[2]): An den Schnittufern des damit angenommenen statisch bestimmten Systems wird eine gewählte Gruppe von Schnittlasten $X_{a;i}, \ldots X_{\nu;i}$

---

[1]) Siehe die in Fußnote [1]) auf Seite 47 genannte Arbeit von Ebner.

[2]) Diese n Fesseln brauchen keineswegs dieselben zu sein, die zur Festlegung der Ergänzungsgruppe Y oder zur Festlegung einer Schnittlasten-Gruppe $X_k = 1$ ($k \lessgtr i$) zerschnitten wurden.

angebracht. Die dann in den noch nicht zerschnittenen Fesseln $\nu + 1, \ldots \nu + \mu$ auftretenden Schnittlasten stellen die restlichen μ Größen $X_{\nu+1;i}, \ldots X_{\nu+\mu;i}$ einer Gruppe „$X_i = 1$" (bestehend aus $X_{a;i}, \ldots X_{\nu+\mu;i}$) dar.

2. Ansatz und Durchführung der Rechnung

Zur Ermittlung der statisch Unbestimmten $X_1, \ldots X_i, \ldots X_n$ gilt entsprechendes wie in VII B 2b; nur ist überall, wo dort vom Zustand „0" am (statisch bestimmten) Grundsystem die Rede ist, jetzt vom ergänzten Zustand „0" am (unstabilen) Grundsystem zu sprechen.

Speziell für die Schnitt- bzw. Fessellasten in den Fesseln $a, b, \ldots \varkappa, \ldots \nu + \mu$ des gegebenen Stabwerks ergibt sich lt. Gleichung 12:

$$X_{\varkappa;0} = Y_{\varkappa;0} + \sum_{i=1}^{n} X_{i;0} \cdot X_{\varkappa;i} \tag{18}$$

$(\varkappa = a, b, \ldots \nu, \nu + 1, \ldots \nu + \mu)$.

Ähnlich wie in VII B 2b ausgeführt, gilt deshalb zur Wahl der Gruppen „$X_i = 1$" folgendes:

Jede Determinante, deren Koeffizienten-Schema aus den Koeffizienten $X_{\varkappa;1}, \ldots X_{\varkappa;n}$ von n herausgegriffenen Gleichungen der $\nu + \mu$ Gleichungen 18 gebildet wird, muß ungleich Null sein.

D. Ergänzung zur Verwendung von statisch bestimmten Grundsystemen

An einem unstabilen Grundsystem lt. VII C 1 kann sowohl die Ergänzungsgruppe Y zum Zustand „0" als auch jeder der einzelnen Zustände „$X_i = 1$" so gewählt werden, daß die sich ergebenden statischen Größen (am Grundsystem) gleich denjenigen sind, die sich unter anderen Umständen ergeben: nämlich wenn der (nicht ergänzte) Zustand „0“, desgl. n Zustände „$X_\alpha = 1$“, „$X_\beta = 1$“, ..., je an einem besonderen statisch bestimmten Grundsystem angebracht werden (vgl. die Bilder 17a u. b mit Bild 15). – Daraus läßt sich leicht folgendes entwickeln[1]):

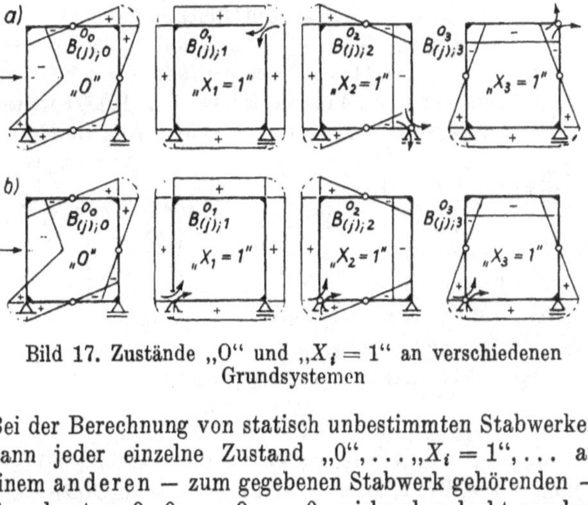

Bild 17. Zustände „0“ und „$X_i = 1$“ an verschiedenen Grundsystemen

Bei der Berechnung von statisch unbestimmten Stabwerken kann jeder einzelne Zustand „0“, ... „$X_i = 1$“, ... an einem anderen – zum gegebenen Stabwerk gehörenden – Grundsystem $0_0, 0_1, \ldots 0_i, \ldots 0_n$ wirkend gedacht werden.

Dann lautet die Überlagerungsformel (s. Gl. 12):

$$C_{(j);0} = C^{0_0}_{(j);0} + \sum_{i=1}^{n} X_{i;0} \cdot C^{0_i}_{(j);i} \tag{19}$$

und ergeben sich die Absolutglieder sowie die Beiwerte der Elastizitätsgleichungen wieder aus Tafel 3, wenn statt des

[1]) Auf eine nähere Begründung muß hier verzichtet werden; siehe aber H. Ebner, Zur Berechnung statisch unbestimmter Raumfachwerke (Zellwerke); der Stahlbau, Bd. 5 (1932), Heft 1; ferner Turgan Sâbis und Adnan Cakiroglu, Zur Berechnung statisch unbestimmter Tragwerke; die Bautechnik, Bd. 34 (1957), Heft 2.

Zeigers ^{0} jeweils der dem betreffenden Grundsystem entsprechende Zeiger $^{0_0}, {}^{0_1}, \dots {}^{0_i}, \dots {}^{0_n}$ gesetzt wird.

E. Verwendung von statisch unbestimmten Grundsystemen

Indem an einem n-fach statisch unbestimmten Stabwerk nur $n - m$ Fesseln $m + 1, m + 2, \dots n$ zerschnitten werden, kann aus ihm ein „m-fach statisch unbestimmtes Grundsystem“ gemacht werden (s. die Bilder 18 u. 19). m weitere Fesseln des gegebenen Stabwerks – gleichwohl innere wie

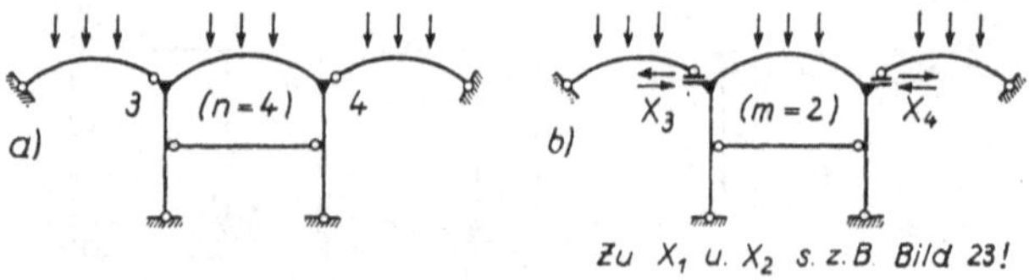

Bild 18. In der Bild-Ebene 4fach statisch unbestimmtes Stabwerk mit 2fach statisch unbestimmtem Grundsystem

äußere – seien mit $1, 2, \dots m$ bezeichnet. – Die im gegebenen Stabwerk in den genannten Fesseln wirkenden Schnitt- bzw. Fessellasten seien als die statisch Unbestimmten $X_{m+1}, X_{m+2}, \dots X_n$ einerseits und $X_1, X_2, \dots X_m$ andererseits bezeichnet[1]).

Indem die statischen Größen des m-fach statisch unbestimmten Grundsystems durch den Zeiger ^{m} gekennzeichnet werden, nimmt die Überlagerungsformel (Gl. 12) die folgende Gestalt an:

$$C_{(j);0} = C^{m}_{(j);0} + \sum_{i=m+1}^{n} X_{i;0} \cdot C^{m}_{(j);i}, \qquad (20)$$

[1]) Natürlich können auch hier Vielfache von Schnittlasten-Gruppen als statisch Unbestimmte gewählt werden.

und lauten die Elastizitätsgleichungen:

$$X_{m+1;0} \cdot \delta^m_{i;m+1} + \cdots X_{n;0} \cdot \delta^m_{i;n} + \delta^m_{i;0} = 0 \qquad (21)$$

$(i = m + 1,\ m + 2, \ldots n)$.

Für $\delta^m_{i;0}$, $\delta^m_{i;m+1}$, ... $\delta^m_{i;n}$ gilt wieder das in Tafel 3 Dargelegte, wenn dort überall der Zeiger ^{0} durch den Zeiger ^{m} ersetzt wird[1]). — Die Berechnung der somit benötigten Schnittlasten $B^m_{(j)}$, $S^m_{(j)}$ usw. erfordert natürlich „Neben-Rechnungen" am m-fach statisch unbestimmten Grundsystem. Diese können z. B. nach dem in VII B Dargelegten an Hand eines statisch **bestimmten** Grundsystems durchgeführt werden, das sich aus dem m-fach statisch **unbestimmten** ergibt, wenn auch noch die Fesseln 1, 2, ... m (s. oben) zerschnitten werden. (Solche Neben-Rechnungen müssen sowohl für den gegebenen Zustand „0" als auch für die $n - m$ Belastungszustände „$X_{m+1} = 1$", ... „$X_n = 1$" durchgeführt werden.)

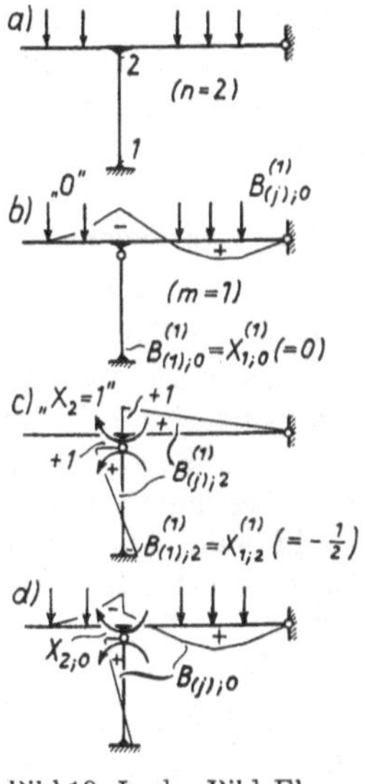

Bild 19. In der Bild-Ebene 2fach statisch unbestimmtes Stabwerk mit 1fach statisch unbestimmtem Grundsystem

Die $n - m$ Elastizitätsgleichungen 21 können auch aus den n Elastizitätsgleichungen 13 gewonnen werden, die sich an Hand eines statisch **bestimmten** Grundsystems mit zerschnittenen Fesseln 1, ... m, $m + 1$, ... n ergeben, indem aus diesen die Unbekannten X_1, ... X_m eliminiert

[1]) Beim Ausrechnen der Integrale wird vorteilhaft vom Reduktionssatz (s. VII B 1c) Gebrauch gemacht.

werden. — Die Bedeutung des Rechnens mit statisch unbestimmten Grundsystemen liegt vornehmlich darin, daß ein Teil der insgesamt erforderlichen Rechnungen als „Neben-Rechnungen" (s. oben) gesondert erledigt werden kann und u. U. sogar entfällt, sofern nämlich die Ergebnisse dieser Neben-Rechnungen schon fertig vorliegen (z. B. in einer Formelsammlung).

F. Verwendung von Grundsystemen mit zusätzlichen Fesseln

U. U. empfiehlt es sich, zur Herstellung eines Grundsystems nicht nur gewisse Fesseln zu zerschneiden, sondern auch welche hinzuzufügen. — So sei z. B. aus dem 9-fach statisch unbestimmten Stabwerk in Bild 20 ein statisch bestimmtes Grundsystem hergestellt, indem 10 innere Drehfesseln zerschnitten und eine Wegfessel F hinzugefügt worden ist. — Damit sich an solchen Grundsystemen

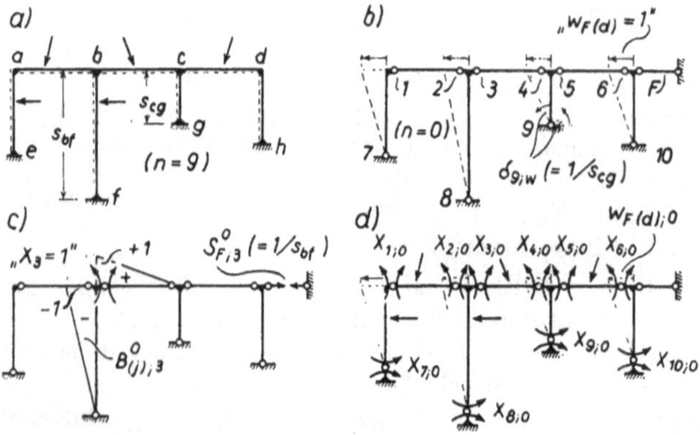

Bild 20. Statisch unbestimmtes Rahmenwerk und statisch bestimmtes Grundsystem mit zusätzlicher Fessel

dieselben Beträge der statischen Größen ergeben wie im gegebenen Stabwerk, muß dem Grundsystem – neben dem Zustand „0" und den statisch Unbestimmten $X_{1;0}, \ldots X_{10;0}$ – noch ein Weg des Knotens d eingeprägt werden, dessen Komponente $w_{F(d)}$ bezüglich F gleich derjenigen ist, die am gegebenen Stabwerk – unter dem Zustand „0" – zustande kommt. Mit Rücksicht darauf, daß diese Verschiebung noch weitere Wege sowie Drehungen mit sich bringt, muß die Überlagerungsformel (Gl. 12) jetzt allgemeiner geschrieben werden:

$$C_{(j);0} = C^0_{(j);0} + \sum_{i=1}^{10} X_{i;0} \cdot C^0_{(j);i} + w^0_{F(d);0} \cdot C^0_{(j);w}, \quad (22)$$

wobei $C^0_{(j);w}$ nur dann ungleich Null ist, wenn $C_{(j)}$ eine Verschiebungsgröße bedeutet.

Analog VII B 1b lauten jetzt die Elastizitätsgleichungen „1", ... „10":

$$X_{1;0} \cdot \delta^0_{i;1} + \cdots X_{10;0} \cdot \delta^0_{i;10} + w_{F(d);0} \cdot \delta^0_{i;w} + \delta^0_{i;0} = 0 \quad (23$$

$(i = 1, 2, \ldots 10)$,

worin (s. Bild 20): $\delta^0_{i;w}$ den Verschiebungssprung bei i infolge $w_{F(d)} = 1$ bedeutet. – Da (mit $w_{F(d);0}$) jetzt 11 Unbekannte vorliegen, wird noch eine (11.) Gleichung benötigt. Sie ergibt sich daraus, daß am gegebenen Stabwerk keine Fessel F existiert, also die dieser Fessel entsprechende Fesselkraft $S_{(F);0}$ gleich Null sein muß. Somit gilt nach Gl. 12:

$$X_{1;0} \cdot S^0_{(F);1} + \cdots X_{10;0} \cdot S^0_{(F);10} + 0 + S^0_{(F);0} = 0. \quad (24)$$

(Die Verwendung von Grundsystemen mit zusätzlichen Fesseln stellt eine Kombination der Schnittlastenmethode mit der in IX behandelten Formänderungsmethode dar.)

G. Gesichtspunkte zur Wahl des Grundsystems und der statisch Unbestimmten

1. Statisch Unbestimmte als Korrekturgrößen

a) Grundsätzliches

Weil zur Aufstellung der Elastizitätsgleichungen bereits eine „Vor-Bemessung" (s. VII B 1d) erforderlich ist, emp-

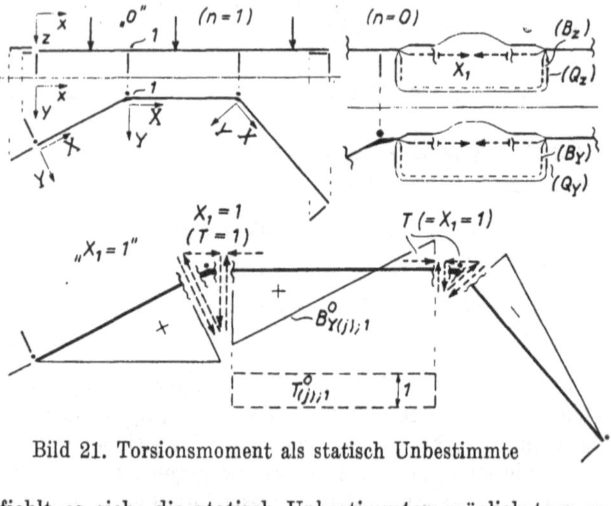

Bild 21. Torsionsmoment als statisch Unbestimmte

fiehlt es sich, die statisch Unbestimmten möglichst so zu wählen, daß ihr Einfluß auf die übrigen Schnittlasten nur eine (kleine) Korrektur derjenigen Beträge bedeutet, die sich bereits im Grundsystem – unter dem Zustand „0" – ergeben haben und evtl. der Vor-Bemessung zugrunde gelegt worden sind. Solche Wahl der statisch Unbestimmten bietet – im Hinblick auf VII B 1e – zugleich den Vorteil, daß schon im Grundsystem sinnvolle Zahlenwerte für die

Längskraftprojektionen gefunden werden. Auch wird damit erreicht, daß Abrundungs-Ungenauigkeiten der errechneten Beträge X keine wesentliche Rolle spielen. – So liegt es u. a. nahe, z. B. bei den Stabwerken in den Bildern 13 und 21 Torsionsmomente oder Vielfache von Torsionsmomenten-Gruppen als statisch Unbestimmte einzuführen; denn das sind statische Größen, die (als statisch Unbestimmte) oft sogar vernachlässigt werden können.

b) Statisch bestimmtes Grundsystem

Das voranstehend Empfohlene führt u. a. dahin, daß als statisch bestimmtes Grundsystem (ausgenommen solche nach VII F) eines gewählt wird, das im Hinblick auf den interessierenden Zustand „0" möglichst steif ist; denn dieses kommt dem gegebenen Stabwerk „am nächsten", weil letzteres steifer ist als jedes allein durch Schnitte hergestellte Grundsystem. – Dem Dargelegten entspricht es z. B., wenn das statisch bestimmte Grundsystem zu einem (n-fach statisch unbestimmten) Träger auf mehreren Stützen $0, 1, \ldots n+1$ (s. Bild 9) nicht etwa durch Zerschneiden von n äußeren Fesseln hergestellt wird, sondern in der Weise, daß – über den Stützpunkten $1, \ldots n$ – Gelenke eingeschaltet werden (s. auch VII G 2).

c) Unstabiles Grundsystem

Das in VII G 1a Vertretene kann oft erreicht werden, indem ein unstabiles Grundsystem mit geschickt gewählter Ergänzungsgruppe Y verwendet wird (s. VII C 1). – Das gilt z. B. für die in Bild 14 gezeigte Wahl bei einem ebenen Gelenkfachwerk, wo zu erwarten ist, P_x werde etwa zur einen Hälfte von den Stäben d_a, v_a, zur anderen Hälfte von den Stäben d_b, v_b aufgenommen. – Ähnliches gilt für die in Bild 15 gezeigte Wahl bei einem ebenen Rahmen, wo erwartet werden kann, die Absolutbeträge der Biegemomente an seinen Ecken seien etwa einander gleich.

2. Aufwand für die Rechnungen am Grundsystem

Dem naheliegenden Gesichtspunkt, der Aufwand für die Rechnungen am Grundsystem solle möglichst gering sein, entspricht es z. B. (s. Bild 12), wenn bei statisch unbestimmten Rahmen oder Bogenträgern solche Fesseln zerschnitten werden, daß ein Elementarstab entsteht (obwohl die Wahl eines Dreigelenkbogens dem in VII G 1a grundsätzlich Vertretenen weit mehr entsprechen würde).

Insbesondere bei räumlichen Stabwerken kann der Aufwand oft in der Weise gering gehalten werden, daß lt. VII D für die einzelnen Zustände („0“, . . . „$X_i = 1$“, . . .) verschiedene Grundsysteme verwendet werden.

Immer ist es vorteilhaft, wenn das Grundsystem und die statisch Unbestimmten so gewählt werden, daß beim einzelnen Zustand „$X_i = 1$“ nur in wenig Stäben Schnittlasten auftreten: Zustände „beschränkter Auswirkung“. Wenn nämlich bei einem Zustand „$X_i = 1$“ nur in einzelnen Stäben Schnittlasten auftreten und wenn gerade in diesen Stäben bei einem anderen Zustand „$X_k = 1$“ keine Schnittlasten auftreten, so ist der (aus beiden Zuständen hervorgehende) Beiwert $\delta^0_{i;k}$ gleich Null.

Von diesem Vorteil wird z. B. bei einem Träger auf mehreren Stützen Gebrauch gemacht, wenn das Grundsystem und die Zustände „$X_i = 1$“ entsprechend Bild 9 gewählt werden (s. auch VII G 1b). In diesem Falle ergeben sich:

— falls die Stützen starr sind — dreigliedrige Elastizitätsgleichungen lt. Tafel 4 mit zweigliedrigen Gleichungen „1“ und „*n*“ (s. auch VII H),

— falls die Stützen elastisch sind — fünfgliedrige Elastizitätsgleichungen lt. Tafel 4 mit dreigliedrigen Gleichungen „1“ und „*n*“ sowie viergliedrigen Gleichungen „2“ und „$n-1$“[1]).

Um Zustände „$X_i = 1$“ zu erhalten, die zumindest bezüglich der Biegemomente (evtl. auch bezüglich anderer Schnittlasten) als Zustände „beschränkter Auswirkung“ gelten können, erweist es sich u. U. als vorteilhaft, Grundsysteme mit zusätzlichen Fesseln zu verwenden: Bei den in VII F behandelten Grundsystem solcher Art (s. Bild 20) beschränken sich die Biegemomente des einzelnen Zustandes „$X_i = 1$“ auf einen oder zwei Stäbe. (Daß dabei die Längskräfte nicht so beschränkt sind, ist unwesentlich, weil beim Anschreiben der Elastizitätsgleichungen zu solchen Rahmenwerken gewöhnlich so getan wird, als wären die Längssteifigkeiten EF unendlich groß.)

Soweit es sich um symmetrische Stabwerke handelt, ist es vorteilhaft, die Zustände „$X_i = 1$“ so zu wählen, daß z. B. bei dem einen Zustand symmetrisch verteilte Schnittlasten auftreten, bei einem anderen dagegen antimetrisch verteilte (s. die Bilder 12, 13, 15, 17); denn diejenigen Beiwerte, die aus einem symmetrischen und einem antimetrischen Zustand hervorgehen, sind gleich Null. — Um Zustände „$X_i = 1$“, teils mit symmetrischen, teils mit antimetrischen Zustandlinien zu schaffen, ist es oft notwendig, die Zustände „$X_i = 1$“ in Gestalt von Gruppen-Zuständen einzuführen (s. VII B 2 und die Bilder 12, 13, 15, 17).

---

[1]) Sofern die Rechnung nur mit primären statischen Größen oder als nur „teilweise korrekte“ Berechnung lt. VII B 1 e β durchgeführt wird.

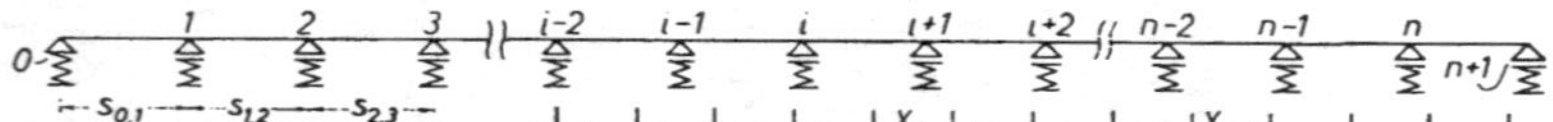

Schema der Elastizitätsgleichungen:

„•“ = Absolutglieder und von Null verschiedene Beiwerte

„(•)“ = im Sonderfall starrer Stützen entfallende Beiwerte.

	X_1	X_2	X_3	X_4	X_5 X_{i-2}	X_{i-1}	X_i	X_{i+1}	X_{n-2} X_{i+2}	X_{n-1}	X_n		
Gl. „1“:	•	•	(•)									•	= 0
Gl. „2“:	•	•	•	(•)								•	= 0
Gl. „3“:	(•)	•	•	•	(•)							•	= 0
Gl. „4“:		(•)	•	•	•	(•)						•	= 0
Gl. „5“:			(•)	•	•	•	(•)					•	= 0
Gl. „i“:					(•)	•	•	•	(•)			•	= 0
„n-2“:							(•)	•	•	•	(•)	•	= 0
„n-1“:								(•)	•	•	•	•	= 0
„n“:									(•)	•	•	•	= 0

Z.B. Gl. „i“ ausgeschrieben (vgl. Bd. III, Tl. 3, u. Bd. II, Tl. 6; EJ und p_z konstant innerhalb des einzelnen Feldes; Stützen elastisch mit Bettungszahlen k^P_i, d.h. gleichbedeutend Stäben mit $s/EF = k^P_i$, vgl. V B 1 f β; im Sonderfall starrer Stützen gilt $k^P = 0$):

$$X_{i-2;0} \cdot \frac{1}{s_{i-2,i-1}} \cdot \frac{1}{s_{i-1,i}} \cdot k^P_{i-1}$$

$$+ X_{i-1;0} \cdot \left[\frac{1}{6} \cdot \frac{s_{i-1,i}}{EJ_{i-1,i}} - \left(\frac{1}{s_{i-2,i-1}} + \frac{1}{s_{i-1,i}} \right) \cdot \frac{1}{s_{i-1,i}} \cdot k^P_{i-1} - \frac{1}{s_{i-1,i}} \cdot \left(\frac{1}{s_{i-1,i}} + \frac{1}{s_{i,i+1}} \right) \cdot k^P_i \right]$$

$$+ X_{i;0} \cdot \left[\frac{1}{3} \cdot \left(\frac{s_{i-1,i}}{EJ_{i-1,i}} + \frac{s_{i,i+1}}{EJ_{i,i+1}} \right) + \frac{1}{s_{i-1,i}^2} \cdot k_{i-1}^P + \left(\frac{1}{s_{i-1,i}} + \frac{1}{s_{i,i+1}} \right)^2 \cdot k_i^P + \frac{1}{s_{i,i+1}^2} \cdot k_{i+1}^P \right]$$

$$+ X_{i+1,0} \cdot \left[\frac{1}{6} \cdot \frac{s_{i,i+1}}{EJ_{i,i+1}} - \left(\frac{1}{s_{i-1,i}} + \frac{1}{s_{i,i+1}} \right) \cdot \frac{1}{s_{i,i+1}} \cdot k_i^P - \frac{1}{s_{i,i+1}} \left(\frac{1}{s_{i,i+1}} + \frac{1}{s_{i+1,i+2}} \right) \cdot k_{i+1}^P \right]$$

$$+ X_{i+2;0} \cdot \frac{1}{s_{i,i+1}} \cdot \frac{1}{s_{i+1,i+2}} \cdot k_{i+1}^P$$

$$+ p_{z(i-2,i-1)} \cdot \frac{1}{2} \cdot \frac{s_{i-2,i-1}}{s_{i-1,i}} \cdot k_{i-1}^P + p_{z(i-1,i)} \cdot \left[\frac{1}{24} \cdot \frac{s_{i-1,i}^3}{EJ_{i-1,i}} + \frac{1}{2} \cdot k_{i-1}^P - \frac{1}{2} \left(1 + \frac{s_{i-1,i}}{s_{i,i+1}} \right) \cdot k_i^P \right]$$

$$+ p_{z(i,i+1)} \cdot \left[\frac{1}{24} \cdot \frac{s_{i,i+1}^3}{EJ_{i,i+1}} - \frac{1}{2} \cdot \left(\frac{s_{i,i+1}}{s_{i-1,i}} + 1 \right) \cdot k_i^P + \frac{1}{2} \cdot k_{i+1}^P \right] + p_{z(i+1,i+2)} \cdot \frac{1}{2} \cdot \frac{s_{i+1,i+2}}{s_{i,i+1}} \cdot k_{i+1}^P$$

$$= 0.$$

Die Gleichungen „1", „2" und „n-1", „n" ergeben sich im vorl. Falle (ohne Kragarm) aus Gl. „i", indem der Zeiger „i" durch 1, 2, n-1 bzw. n ersetzt und für die dann auftauchenden Bezeichnungen $X_{(-1)}$, X_0, X_{n+1}, X_{n+2}, $p_{z(-1,0)}$, $p_{z(n+1,n+2)}$ der Betrag Null gesetzt wird.

Statt der Glieder $\frac{1}{6} \cdot \frac{s_{i-1,i}}{EJ_{i-1,i}}$, $\frac{1}{3} \left(\frac{s_{i-1,i}}{EJ_{i-1,i}} + \frac{s_{i,i+1}}{EJ_{i,i+1}} \right)$, $\frac{1}{6} \cdot \frac{s_{i,i+1}}{EJ_{i,i+1}}$, $\frac{1}{24} \cdot \frac{s_{i-1,i}^3}{EJ_{i-1,i}}$, $\frac{1}{24} \cdot \frac{s_{i,i+1}^3}{EJ_{i,i+1}}$

kann auch geschrieben werden (s. Bd. III, Tafel 3, u. Bd. II, Gl. 73b u. Tafel 7):

$$-\tau_{y\,r;\ell\,(i-1,i)}, \quad \left(\tau_{y\,r;r\,(i-1,i)} + \tau_{y\,\ell;\ell\,(i,i+1)} \right), \quad -\tau_{y\,\ell;r\,(i,i+1)}, \quad \tau_{y\,r;p_0=1\,(i-1,i)}, \quad -\tau_{y\,\ell;p_0=1\,(i,i+1)};$$

diese Schreibweise ist auch für Rechnungen nach VII B 1 b β geeignet, indem dann τ durch $\hat{\tau}$ ersetzt wird.

Tafel 4. Elastizitätsgleichungen des Trägers auf mehreren Stützen (Schnittlastenmethode)

3. Aufwand zur Auflösung der Elastizitätsgleichungen

Soweit nicht Rechenautomaten verwendet werden, ist es wichtig, daß die Anzahl der Rechenoperationen zum Auflösen der Elastizitätsgleichungen möglichst gering wird. Auch das wird erreicht, wenn mit Zuständen „beschränkter Auswirkung" gearbeitet wird und die Symmetrie-Eigenschaften ausgenutzt werden (s. VII G 2), weil dann manche Beiwerte zu Null werden. – Mit Zuständen beschränkter Auswirkung wird u. U. erreicht, daß drei- oder fünfgliedrige Elastizitätsgleichungen entstehen (sog. Differenzengleichungen 2. und 4. Ordnung; s. auch Tafel 4) oder auch solche, die sich leicht auf drei- bzw. fünfgliedrige zurückführen lassen (s. auch VII H).

Mitunter erweist es sich als zweckmäßig, Gruppenzustände „$X_i = 1$" so festzulegen, daß eingliedrige Elastizitätsgleichungen entstehen ($X_{i;0}\,\delta^0_{i;i} + \delta^0_{i;0} = 0$), also die „Nebenglieder" $\delta^0_{i;k}$ ($i \gtrless k$) zu Null werden. Dieser Forderung entsprechen z. B. die in Bild 22 angegebenen Zustände „$X_i = 1$" zu einem (in seiner Ebene) 3fach statisch unbestimmten (symmetrischen) Rahmen. – Diese Einführung der statisch Unbestimmten kann – wie aus dem Bild ersichtlich – auch so aufgefaßt werden, daß als statisch Unbestimmte X_1, X_2, X_3 drei Schnittlasten am Ende von gedachten starren Armen (von bestimmter Länge u) angebracht werden: im sog. „elastischen Schwerpunkt" des Rahmens[1]). (Man verkenne nicht, daß zur Feststellung der hier benötigten Daten (z. B. der Länge u) im wesentlichen dieselben Rechnungen durchzuführen sind wie bei einer

---

[1]) Allgemeinere Beispiele s. im Abschnitt „Baustatik" (S. 324) von E. Kohl im Taschenbuch für Bauingenieure (2. Aufl.), herausgegeben von F. Schleicher; Springer-Verlag Berlin-Göttingen-Heidelberg.

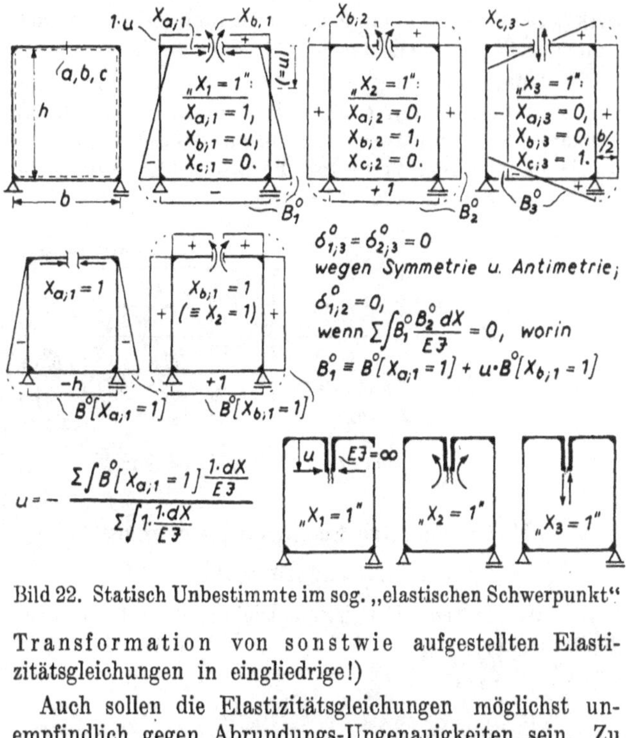

Bild 22. Statisch Unbestimmte im sog. „elastischen Schwerpunkt“

Transformation von sonstwie aufgestellten Elastizitätsgleichungen in eingliedrige!)

Auch sollen die Elastizitätsgleichungen möglichst unempfindlich gegen Abrundungs-Ungenauigkeiten sein. Zu diesem Zweck ist anzustreben, daß die Absolutbeträge der „Nebenglieder“ $\delta^0_{i;k}$ $(i \gtrless k)$ – soweit sie nicht gleich Null sind – möglichst klein gegenüber dem betr. „Hauptglied“ $\delta^0_{i;i}$ werden. Auch dem wird mit der Einführung von Zuständen „beschränkter Auswirkung“ entsprochen. So empfiehlt sich bei dem Stabwerk in Bild 23 die dort gezeigte Wahl der Zustände „$X_1 = 1$“ und „$X_2 = 1$“: Beim ersten beschränken sich die Biegemomente auf das obere „Stockwerk", beim zweiten auf die Pfosten, und es ergeben sich „unempfindliche" Gleichungen.

Wiederum empfiehlt sich die Ausnutzung von Symmetrie-Eigenschaften; das gilt auch noch, wenn ein Stabwerk nur „annähernd" symmetrisch ist, indem dann die Absolutbeträge derjenigen Beiwerte, die bei voller Symmetrie gleich Null wären, „klein" werden.

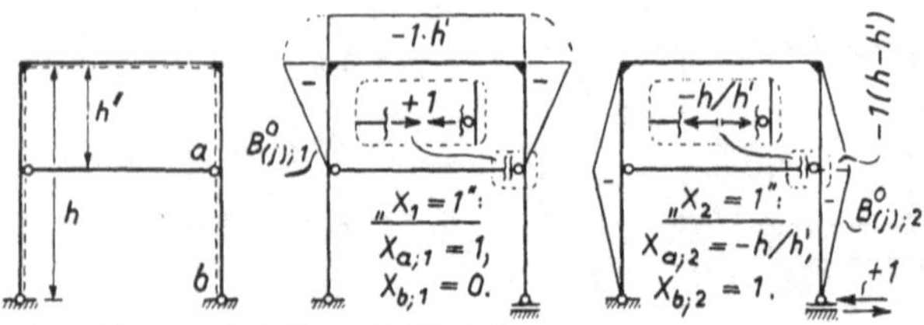

Bild 23. Zustände „beschränkter Auswirkung"

H. Dreigliedrige Elastizitätsgleichungen

1. Lösungsformel

Bei dreigliedrigen Elastizitätsgleichungen mit nur zweigliedrigen Gleichungen „1" und „n" (s. Tafel 4) kann — weil $\delta^0_{i;k} = \delta^0_{k;i}$ — geschrieben werden[1]):

$$X_{n;0} = -\frac{\sum_1^n \delta^0_{i;0}\,\overline{X}_i}{\delta^0_{n-1;n}\overline{X}_{n-1} + \delta^0_{n;n}\overline{X}_n}\,; \tag{25}$$

hierin ist $\overline{X}_1 = 1$ und bedeuten $\overline{X}_2, \ldots \overline{X}_n$ diejenigen Beträge der Unbekannten, die sich (rekurrent) aus den Gleichungen „1", . . . „$n - 1$" ergeben, wenn an Stelle der Absolutglieder $\delta^0_{i;0}$ der Betrag Null und an Stelle von $\overline{X}_{1;0}$ der Betrag ($\overline{X}_1 =$) 1 gesetzt wird. — Mit dem aus Gl. 25 ge-

[1]) Siehe das in der Fußnote auf Seite 8 genannte Buch von Funk.

fundenen Betrag $X_{n;0}$ ergeben sich $X_{n-1;0}, \ldots X_{1;0}$ (rückwärts) aus den Gleichungen „n", ... „2".

2. Abklingzahlen

Haben – bei einem Belastungszustand „a" – die Absolutglieder der ersten Gleichungen „1", „2", ... „k", ... den Betrag Null, so ergibt sich aus Gl. „1" der Betrag $X_{1;a}/X_{2;a}$, damit aus Gl. „2" der Betrag $X_{2;a}/X_{3;a}, \ldots$, allgemein aus Gl. „k":

$$\frac{X_{k;a}}{X_{k+1;a}} = -\frac{\delta_{k;k+1}}{\frac{X_{k-1;a}}{X_{k;a}}\delta_{k-1;k} + \delta_{k;k}}, \qquad (26\,\mathrm{a})$$

usf., bis eine Gleichung folgt, deren Absolutglied ungleich Null ist.

Haben (umgekehrt) – bei einem Belastungszustand „b" – die Absolutglieder der letzten Gleichungen „n", „$n-1$", ... „$k+1$", ... den Betrag Null, so ergibt sich entsprechend (mit Gl. „n" angefangen):

$$\frac{X_{k+1;b}}{X_{k;b}} = -\frac{\delta_{k+1;k}}{\frac{X_{k+2;b}}{X_{k+1;b}}\delta_{k+1;k+2} + \delta_{k+1;k+1}}. \qquad (26\,\mathrm{b})$$

Die Beträge lt. Gl. 26a und b heißen wegen ihrer besonderen Bedeutung beim Träger auf mehreren starren Stützen (s. VII H 3) „Abklingzahlen".

3. Träger auf mehreren starren Stützen

Hinsichtlich des Trägers auf mehreren starren Stützen (s. Tafel 4) ergibt sich aus den Gleichungen 26a und b folgendes (s. Bild 24):

Ist ein „Strang" $0 - 1 - \cdots k - \cdots$ unbelastet, so sind in ihm die Verhältniswerte $X_{k;a}/X_{k+1;a}$ und somit auch die Nullpunkte der Biegemomentenlinien unabhängig von der (irgendwo weiter rechts wirkenden) Belastung (s. die Nullpunkt-Abzissen $a_{k;k+1}$ in Bild 24).

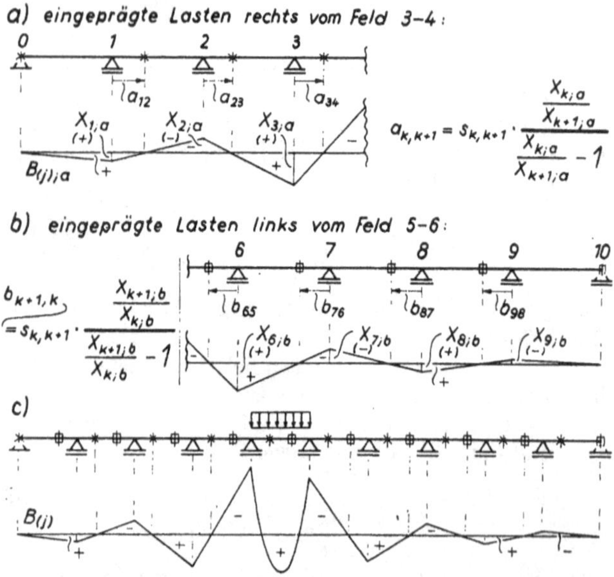

Bild 24. Festpunkte (Vorzeichen-Eintragung in a) und b) nur als Beispiel gedacht)

Entsprechendes gilt, wenn umgekehrt ein Strang $n - (n-1) - \cdots (k+1) - \cdots$ unbelastet ist (s. die Nullpunkt-Abzissen $b_{k+1;k}$ in Bild 24).

Die so (durch a und b) festgelegten Punkte heißen „Festpunkte“ oder „Fixpunkte“ des Trägers. Sie können auch zeichnerisch ermittelt werden[1]).

[1]) Siehe E. Suter und E. Traub, Die Methode der Festpunkte. 3. Aufl., Berlin 1951; Springer.

Mittels der Festpunkte kann, wie Bild 24 zeigt, die Biegemomentenlinie in einem unbelasteten Strang gezeichnet werden, sobald das Biegemoment an einer Stelle des Stranges bekannt ist.

Ist nur ein Feld $i, i+1$ des Trägers belastet, so ergeben sich (nach einfacher Umformung der Elastizitätsgleichungen „i" und „$i+1$") die Biegemomente $X_{i;0}$ und $X_{i+1;0}$ aus[1]):

$$X_{i;0}\left(\frac{X_{i-1;a}}{X_{i;a}}\,\delta_{i;i-1}+\delta_{i;i}\right)+X_{i+1;0}\,\delta_{i;i+1}+\delta_{i;0}=0, \qquad (27)$$

$$X_{i;0}\,\delta_{i+1;i}+X_{i+1;0}\left(\frac{X_{i+2;b}}{X_{i+1;b}}\,\delta_{i+1;i+2}+\delta_{i+1;i+1}\right)+\delta_{i+1;0}=0.$$

J. Einheitslösungen und Einflußlinien

1. Einheitslösungen

Sind die statisch Unbestimmten $X_{1;0}, \ldots X_{i;0}, \ldots X_{n;0}$ für mehrere Zustände „0" auszurechnen, so empfiehlt es sich, zunächst festzustellen, welche Beträge sich für die Unbekannten ergeben, wenn an die Stelle der gegebenen Absolutglieder $\delta^0_{1;0}, \ldots \delta^0_{n;0}$ — nacheinander — n „Einheitsgruppen" I, ... J, ..., K, ... N lt. Tafel 5 gesetzt werden. Die in diesen Sonderfällen sich ergebenden Beträge der Unbekannten — s. Tafel 5 — seien „Einheitslösungen" $X_{i;K}$ genannt[2]). Wegen $\delta^0_{i;k}=\delta^0_{k;i}$ gilt:

$$X_{i;K}=X_{k;J}. \qquad (28)$$

Für die Beträge $X_{i;0}$ (s. oben) kann dann geschrieben werden:

$$X_{i;0}=X_{i;\mathrm{I}}\cdot\delta^0_{1;0}+X_{i;\mathrm{II}}\cdot\delta^0_{2;0}+\cdots X_{i;N}\cdot\delta^0_{n;0}. \qquad (29)$$

$(i=1,2,\ldots n)$.

---

[1]) Auch diese Gleichungen können zeichnerisch gelöst werden; vgl. die Fußnote auf Seite 62.

[2]) Sonst gebräuchliche Bezeichnungen: α_{ik} oder β_{ik}.

$$
\begin{aligned}
I:&\quad \underline{\delta_{1;0}=1},\ \delta_{2;0}=\delta_{3;0}=\delta_{4;0}=\delta_{5;0}=\delta_{6;0}=\cdots=\delta_{n-1;0}=\delta_{n;0}=0\,;\\
II:&\quad \delta_{1;0}=0,\ \underline{\delta_{2;0}=1},\ \delta_{3;0}=\delta_{4;0}=\delta_{5;0}=\cdots=\delta_{n-1;0}=\delta_{n;0}=0\,;\\
&\quad \cdots\cdots\\
J:&\quad \delta_{1;0}=\cdots=\delta_{i-1;0}=0,\ \underline{\delta_{i;0}=1},\ \delta_{i+1;0}=\cdots=\delta_{n-1;0}=\delta_{n;0}=0\,;\\
&\quad \cdots\cdots\\
K:&\quad \delta_{1;0}=\delta_{2;0}=\cdots=\delta_{k-1;0}=0,\ \underline{\delta_{k;0}=1},\ \delta_{k+1;0}=\cdots=\delta_{n;0}=0\,;\\
&\quad \cdots\cdots\\
N:&\quad \delta_{1;0}=\delta_{2;0}=\delta_{3;0}=\delta_{4;0}=\cdots=\delta_{n-2;0}=\delta_{n-1;0}=0,\ \underline{\delta_{n;0}=1}.
\end{aligned}
$$

$$
\begin{aligned}
&X_{1;I},\ X_{2;I},\ \ldots\ X_{i;I},\ \ldots\ X_{k;I},\ \ldots\ X_{n;I}\,;\\
&X_{1;II},\ X_{2;II},\ \ldots\ X_{i;II},\ \ldots\ X_{k;II},\ \ldots\ X_{n;II}\,;\\
&\ldots\\
&X_{1;J},\ X_{2;J},\ \ldots\ X_{i;J},\ \ldots\ X_{k;J},\ \ldots\ X_{n;J}\,;\\
&\ldots\\
&X_{1;K},\ X_{2;K},\ \ldots\ X_{i;K},\ \ldots\ X_{k;K},\ \ldots\ X_{n;K}\,;\\
&\ldots\\
&X_{1;N},\ X_{2;N},\ \ldots\ X_{i;N},\ \ldots\ X_{k;N},\ \ldots\ X_{n;N}\,;
\end{aligned}
$$

Tafel 5. Einheitsgruppen I, II, ... N; Einheitslösungen $X_{i;K}$

Wenn mit vollständigen Beträgen der statischen Größen gerechnet wird (vgl. VII B 1e), ist es erforderlich, daß schon beim Ermitteln der Einheitslösungen $X_{i;K}$ sowie der Absolutglieder $\delta^0_{i;0}$ diejenigen Beträge der Längskraftprojektionen berücksichtigt werden, die sich am gegebenen (statisch unbestimmten) Stabwerk unter dem Zustand „0" ergeben. (Lt. VII B 1e können diese Beträge zunächst nur geschätzt werden.)

2. Einflußlinien

Die Einflußlinien $X_{i;m}$ der statisch Unbestimmten X_i, speziell zu Kräften P_z, ergeben sich – vgl. III B – aus dem Belastungszustand „wandernde Einzelkraft $P_z = 1$, momentan an einer Stelle m der Fahrbahn". Dementsprechend ist an Stelle von Gl. 29 zu schreiben:

$$X_{i;m} = X_{i;1} \cdot \delta^0_{1;m} + X_{i;II} \cdot \delta^0_{2;m} + \cdots X_{i;N} \cdot \delta^0_{n;m}$$

oder zufolge Gl. 28 und Bd. II, Gleichungen 90 und 93b:

$$X_{i;m} = X_{1;J} \cdot \delta^0_{m;1} + X_{2;J} \cdot \delta^0_{m;2} + \cdots X_{n;J} \cdot \delta^0_{m;n} \tag{30}$$
$$= X_{1;J} \cdot w^0_{z(m);1} + X_{2;J} \cdot w^0_{z(m);2} + \cdots X_{n;J} \cdot w^0_{z(m);n},$$

d. h. (s. Bild 25): Die Einflußlinie $X_{i;m}$ zu Kräften P_z (auf der Fahrbahn) ergibt sich durch Überlagerung von Vielfachen derjenigen Fahrbahn-Biegelinien des Grundsystems, die unter den Zuständen „$X_i = 1$" gefunden werden, letztlich also als die Fahrbahn-Biegelinie, die am Grundsystem zustandekommt, wenn daran gleichzeitig wirken:
der $X_{1;J}$-fache Zustand „$X_1 = 1$", der $X_{2;J}$-fache Zustand „$X_2 = 1$", ... der $X_{n;J}$-fache Zustand „$X_n = 1$".

Für irgendeine (linear vom Belastungszustand usw. abhängige) statische Größe $C_{(j)}$ gilt (vgl. Gl. 12):

$$C_{(j);m} = C^0_{(j);m} + X_{1;m} \cdot C^0_{(j);1} + \cdots X_{n;m} \cdot C^0_{(j);n}, \tag{31}$$

d. h. (s. Bild 25): Eine Einflußlinie $C_{(j);m}$ ergibt sich durch Überlagerung der betreffenden Einflußlinie $C^0_{(j);m}$ und der $C^0_{(j);i}$-fachen Einflußlinien $X_{i;m}$ $(i = 1, 2, \ldots n)$.

U. a. zur Vermeidung von Abrundungs-Ungenauigkeiten kann es vorteilhaft sein, die in Gl. 31 hinter $C^0_{(j);m}$ stehende Summe als diejenige Fahrbahn-Biegelinie des Grundsystems zu ermitteln, die zustande kommt, wenn die Zustände „$X_i = 1$", je mit einem Faktor K_i vervielfacht, gleichzeitig am Grundsystem wirken, wobei

$$K_i = X_{i;\text{I}} \cdot C^0_{(j);1} + X_{i;\text{II}} \cdot C^0_{(j);2} + \cdots X_{i;N} \cdot C^0_{(j);n} \qquad (32)$$

$(i = 1, 2, \ldots n)$.

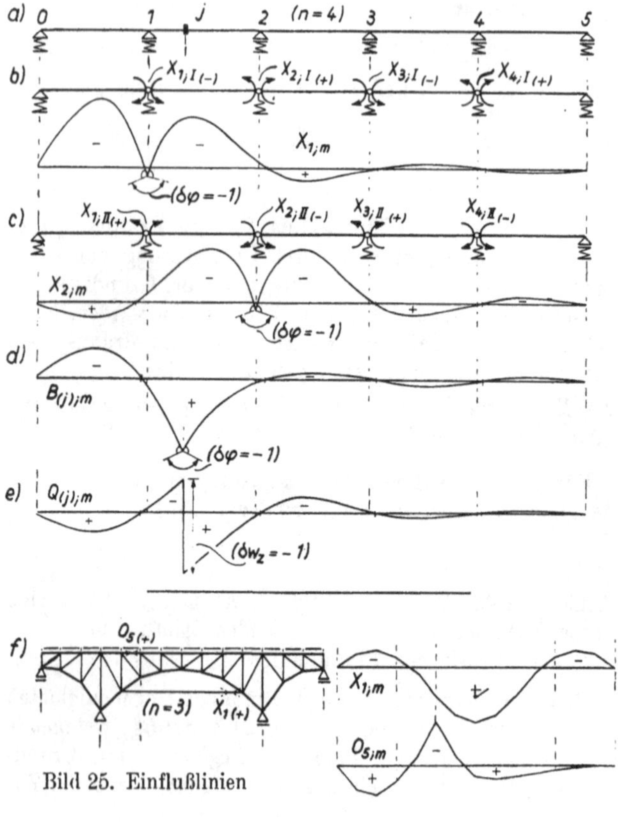

Bild 25. Einflußlinien

Wenn mit vollständigen Beträgen der statischen Größen gerechnet wird (vgl. VII B 1e), ist es erforderlich, daß schon beim Ermitteln der Einheitslösungen, der benötigten Fahrbahn-Biegelinien sowie der Einflußlinie $C^0_{(j);m}$ diejenigen Beträge der Längskraftprojektionen berücksichtigt werden, die dem letztlich interessierenden Zustand „0" am gegebenen (statisch unbestimmten) Stabwerk entsprechen. (Lt. VII B 1e können diese Beträge zunächst nur geschätzt werden.)

Die Einflußlinie $C_{(j);m}$ einer Schnittlast, speziell zu Kräften P_z (auf der Fahrbahn), ist gleich der Fahrbahn-Biegelinie, die sich ergibt, wenn die der Schnittlast $C_{(j)}$ entsprechende innere bzw. äußere Fessel zerschnitten wird und dann den Schnittufern ein Verschiebungssprung vom Betrag „− 1" (d. h. entgegen positiver Schnittlast $C_{(j)}$) eingeprägt wird (s. auch III D 4). – In Anbetracht dieses Umstandes kann man sich oft schon, ohne zu rechnen, eine Vorstellung von der Gestalt einer Einflußlinie machen (s. dazu Bild 25).

VIII. Der eingespannte Stab im ebenen Stabwerk

A. Vorbemerkungen

Die bisher mit X und Z bezeichneten Koordinaten des einzelnen Stabes in einem Stabwerk seien fortan $\bar{x}$ und $\bar{z}$ genannt. Sind von einem ebenen, in seiner Ebene zx belasteten Stabwerk die Knoten-Drehungen φ und -Wege $\mathfrak{w}$ bekannt (z. B. aus geeigneten Rechnungen), so können seine Stäbe l–r, soweit sie an ihren Enden biegesteif angeschlossen sind, als beiderseitig „eingespannte" Stäbe angesehen werden. So betrachtet, stellt jeder von ihnen ein – in der Ebene zx – 3fach statisch unbestimmtes Gebilde dar, dem ein Zustand „0" eingeprägt ist, der sich aus Teilzuständen lt. folgendem zusammensetzt (s. Bild 26):

aus Drehungen φ_l und φ_r der Einspannstellen bei l und r,

aus einer Stab-Drehung $\vartheta_{lr} \equiv (w_{\bar{z}(l)} - w_{\bar{z}(r)})/s$ und einer Stab-Dehnung $\varepsilon_{lr} \equiv (w_{\bar{x}(r)} - w_{\bar{x}(l)})/s$,

aus einem (Teil-)Zustand „P, ...“, nämlich äußeren Lasten $\mathfrak{P}$, M, evtl. auch Temperaturen, eingeprägten Grundverformungen usw.

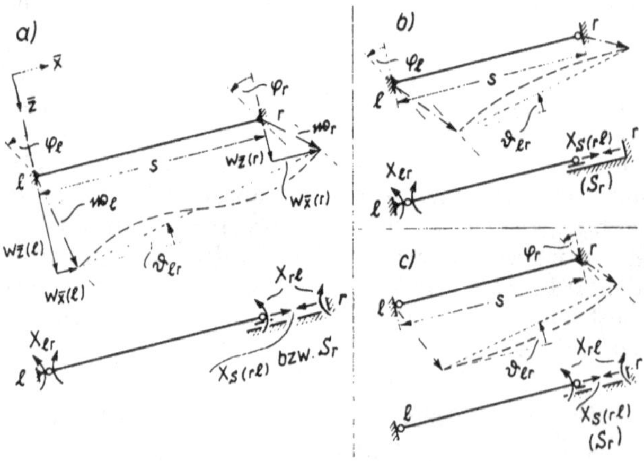

Bild 26. Beiderseitig oder einseitig steif angeschlossener Stab im ebenen Stabwerk

Als die statisch Unbestimmten des Stabes seien lt. Bild 26 eingeführt: die End-Biegemomente X_{lr} und X_{rl} sowie die End-Längskraft $X_{S(rl)}$.

Ähnliches gilt für einen Stab, der nur an **einem** Ende eingespannt, am anderen dagegen gelenkig angeschlossen ist (s. Bild 26). Ein solcher Stab stellt ein – in der Ebene zx – 2fach statisch unbestimmtes Gebilde dar mit statisch Unbestimmten X_{lr}, $X_{S(rl)}$ bzw. X_{rl}, $X_{S(rl)}$.

Die nachfolgenden Ausführungen beschränken sich auf gerade Stäbe und gelten nur, solange keine Spannungen jenseits der Gültigkeitsgrenze des Geradlinigkeitsgesetzes auftreten.

B. End-Schnittlasten

1. Einspannung beiderseitig

Wichtig sind 5 Sonderfälle:

Dem Stab $l-r$ sei eine End-Drehung „$\varphi_l = 1$" oder „$\varphi_r = 1$" eingeprägt[1]),

ihm sei eine Stab-Drehung „$\vartheta_{lr} = 1$"[2]) oder eine Stab-Dehnung „$\varepsilon_{lr} = 1$" eingeprägt,

ihm sei ein Zustand „ä" eingeprägt; das bedeute — hier wie überall im folgenden —: an ihm wirke ein Zustand „$P, \ldots$" (s. VIII A), und dabei seien die Einspannungen festgehalten, so daß $\varphi_l = \varphi_r = \vartheta_{lr} = \varepsilon_{lr} = 0$[3]).

Die zu diesen 5 Sonderfällen gehörenden Beträge der statisch Unbestimmten seien wie folgt bezeichnet:

$$\mathfrak{X}_{lr}^{\varphi l},\ \mathfrak{X}_{rl}^{\varphi l}\ \text{bzw.}\ \mathfrak{X}_{lr}^{\varphi r},\ \mathfrak{X}_{rl}^{\varphi r};$$

$$\mathfrak{X}_{lr}^{\vartheta},\ \mathfrak{X}_{rl}^{\vartheta}\ \text{bzw.}\ \mathfrak{X}_{S(rl)}^{\varepsilon};$$

$$X_{lr}^{\ddot{a}},\ X_{rl}^{\ddot{a}},\ X_{S(rl)}^{\ddot{a}}.$$

Für die Beträge der statisch Unbestimmten bei einem Zustand „0" lt. VIII A ist dann zu schreiben:

$$X_{lr;0} = \varphi_l\,\mathfrak{X}_{lr}^{\varphi l} + \varphi_r\,\mathfrak{X}_{lr}^{\varphi r} + \vartheta_{lr}\,\mathfrak{X}_{lr}^{\vartheta} + X_{lr}^{\ddot{a}}, \tag{33a}$$

$$X_{rl;0} = \varphi_l\,\mathfrak{X}_{rl}^{\varphi l} + \varphi_r\,\mathfrak{X}_{rl}^{\varphi r} + \vartheta_{lr}\,\mathfrak{X}_{rl}^{\vartheta} + X_{rl}^{\ddot{a}}, \tag{33b}$$

$$X_{S(rl);0} = \varepsilon_{lr}\,\mathfrak{X}_{S(rl)}^{\varepsilon} + X_{S(rl)}^{\ddot{a}}. \tag{33c}$$

---

[1]) Siehe z. B. den Stab 1—2 in Bild 28c bzw. 28d.

[2]) Siehe z. B. den Stab 1—2 in Bild 29e mit eingeprägter Stab-Drehung, allerdings von einem Betrage $\Theta_{12}^{\psi\varkappa} < 0$.

[3]) Siehe z. B. den Stab 1—2 in Bild 28b.

Soweit nur mit den primären Beträgen der statischen Größen gerechnet wird (s. VI A), gelten zur Berechnung der statisch Unbestimmten drei Elastizitätsgleichungen lt. Tafel 6. Falls EJ und EF längs s konstant sind, ergibt sich daraus:

$$\mathfrak{X}_{lr}^{\varphi l} = -4EJ/s, \quad \mathfrak{X}_{rl}^{\varphi l} = 2EJ/s; \tag{34a}$$

$$\mathfrak{X}_{lr}^{\varphi r} = -2EJ/s, \quad \mathfrak{X}_{rl}^{\varphi r} = 4EJ/s; \tag{34b}$$

$$\mathfrak{X}_{lr}^{\vartheta} = 6EJ/s, \quad \mathfrak{X}_{rl}^{\vartheta} = -6EJ/s; \tag{34c}$$

$$\mathfrak{X}_{S(rl)}^{\varepsilon} = EF \tag{34d}$$

und z. B. bei gleichmäßig verteilter Querbelastung p_0:

$$X_{lr}^{ä} = X_{rl}^{ä} = -p_0 s^2/12. \tag{34e}$$

Ist der Stab an einem Ende längsverschieblich angeschlossen, so entfällt $X_{S(rl)}$ und damit auch die Elastizitätsgleichung „3" (s. Tafel 6).

Bei der Anwendung des hier Ausgeführten in IX ist die End-Längskraft des Stabes oft schon als anderweitig gegeben anzusehen. In diesem Falle wird sie mit $S_{(r)}$ bezeichnet; wiederum entfällt dann die Elastizitätsgleichung „3" (wie im voranstehenden Sonderfall).

Wird mit vollständigen Beträgen der statischen Größen gerechnet, so gilt für die Absolutglieder und Beiwerte der Elastizitätsgleichungen „1" und „2" (s. Tafel 6) folgendes:

Lt. VII B 1eβ, jedoch mit Bezeichnungen lt. Tafel 2 und Bild 10, ist

$$\delta_{1;1}^0 = \hat{\tau}_{l;l}, \quad \delta_{2;2}^0 = \hat{\tau}_{r;r}, \tag{35a, b}$$

$$\delta_{1;2}^0 = \delta_{2;1}^0 = -\hat{\tau}_{l;r} \tag{35c}$$

und, wo es sich um die Ermittlung von $X^{ä}$ handelt:

$$\delta_{1;0}^0 = -\hat{\tau}_{l;ä}, \quad \delta_{2;0}^0 = \hat{\tau}_{r;ä}. \tag{35d, e}$$

$X_{\ell r}$	$X_{r\ell}$	$X_{S(r\ell)}$		
δ_{11}	δ_{12}	0	δ_{10}	= 0
δ_{21}	δ_{22}	0	δ_{20}	= 0
0	0	δ_{33}	δ_{30}	= 0

$X_{\ell r}$	$X_{S(r\ell)}$		
δ_{11}	0	δ_{10}	= 0
0	δ_{33}	δ_{30}	= 0

$X_{r\ell}$	$X_{S(r\ell)}$		
δ_{22}	0	δ_{20}	= 0
0	δ_{33}	δ_{30}	= 0

<u>Beiwerte:</u> $\delta_{11} = \int B_1^0 \frac{B_1^0}{EJ}\,dx$; $\delta_{22} = \int B_2^0 \frac{B_2^0}{EJ}\,dx$; $\delta_{12} = \int B_1^0 \frac{B_2^0}{EJ}\,dx$;

$\delta_{21} = \delta_{12}$; $\delta_{33} = \int S_3^0 \frac{S_3^0}{EF}\,dx$.

<u>Absolutglieder:</u>

Fesseln als Fesselstäbe aufgefaßt (s. Bild und vgl. V B 1 f γ); dann bedeutet:

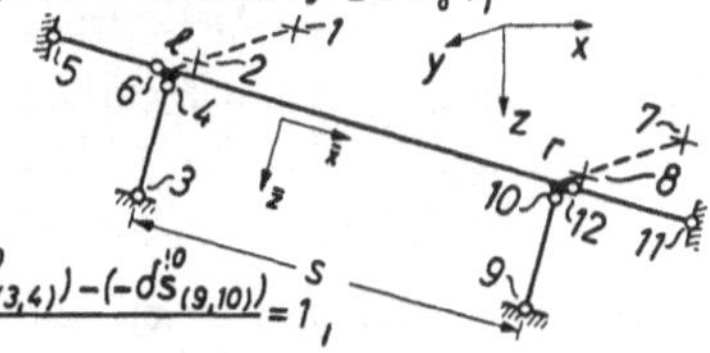

„$\varphi_\ell = 1$": $\overset{!0}{\delta\chi}_{(1,2)} = 1$,

„$\varphi_r = 1$": $\overset{!0}{\delta\chi}_{(7,8)} = 1$,

„$\vartheta_{\ell r} = 1$": $\frac{\overset{!0}{w}_{\bar z(\ell)} - \overset{!0}{w}_{\bar z(r)}}{s} = \frac{(-\overset{!0}{\delta s}_{(3,4)}) - (-\overset{!0}{\delta s}_{(9,10)})}{s} = 1$,

„$\varepsilon_{\ell r} = 1$": $\frac{\overset{!0}{w}_{\bar x(r)} - \overset{!0}{w}_{\bar x(\ell)}}{s} = \frac{(-\overset{!0}{\delta s}_{(11,12)}) - \overset{!0}{\delta s}_{(5,6)}}{s} = 1$,

(zu „ä" s. Text!).

Lt. Tafel 3 ergeben sich dann – je nachdem, ob es sich um die Ermittlung von Größen $X^{\varphi\ell}$ od. $X^{\varphi r}$ od. X^{ϑ} od. X^{ε} od. $X^{ä}$ handelt – die im folgenden unter dem betr. Kopf aufgeführten Absolutglieder δ_{10}, δ_{20}, δ_{30}:

	zu $X^{\varphi\ell}$:	zu $X^{\varphi r}$:	zu X^{ϑ}:	zu X^{ε}:	zu $X^{ä}$:
δ_{10} =	1	0	−1	0	$\int \frac{s-\bar x}{s}\left(\frac{B_0^0}{EJ}\,d\bar x + \alpha_t \frac{t_u - t_o}{h}\,d\bar x + \overset{!0}{\delta}_{\varphi}\right)$
δ_{20} =	0	−1	1	0	$\int \frac{\bar x}{s}\left(\frac{B_0^0}{EJ}\,d\bar x + \alpha_t \frac{t_u - t_o}{h}\,d\bar x + \overset{!0}{\delta}_{\varphi}\right)$
δ_{30} =	0	0	0	−s	$\int 1\left(\frac{S_0^0}{EF}\,d\bar x + \alpha_t t_{Sch}\,d\bar x + \overset{!0}{\delta}_{w\bar x}\right)$

Tafel 6. Elastizitätsgleichungen des beiderseitig oder einseitig eingespannten Stabes

Im Falle, daß S und EJ längs s konstant sind, ergeben sich damit die in Bild 27 wiedergegebenen End-Biegemomente $\widehat{\mathfrak{X}}$ und $\widehat{X}^{a}$.

2. Einspannung nur links

Die End-Schnittlasten $\mathfrak{X}_{rl}$ und $X_{rl}^{\ddot{a}}$, die Gleichung 33b, ferner das mit φ_r behaftete Glied in Gl. 33a, entfallen. Zur Berechnung der statisch Unbestimmten gelten zwei Elastizitätsgleichungen lt. Tafel 6. An die Stelle der Gleichungen 34a, b, c, e treten

$$\mathfrak{X}_{lr}^{\varphi l} = -3EJ/s; \quad \mathfrak{X}_{lr}^{\vartheta} = 3EJ/s; \quad X_{lr}^{\ddot{a}} = -p_0 s^2/8. \tag{36}$$

Die Gleichungen 35b, c, e entfallen. Weiteres s. in Bild 27.

3. Einspannung nur rechts

Die End-Schnittlasten $\mathfrak{X}_{lr}$ und $X_{lr}^{\ddot{a}}$, die Gleichung 33a, ferner das mit φ_l behaftete Glied in Gl. 33b, entfallen. Zur Berechnung der statisch Unbestimmten gelten zwei Elastizitätsgleichungen lt. Tafel 6. An die Stelle der Gleichungen 34a, b, c, e treten

$$\mathfrak{X}_{rl}^{\varphi r} = 3EJ/s; \quad \mathfrak{X}_{rl}^{\vartheta} = -3EJ/s; \quad X_{rl}^{\ddot{a}} = -p_0 s^2/8. \tag{37}$$

Die Gleichungen 35a, c, d entfallen. Weiteres s. in Bild 27.

C. Schnittlasten und Verschiebungen

Nachdem die statisch Unbestimmten ermittelt sind, kann der einzelne Stab $l-r$ als Elementarstab betrachtet werden (s. Bild 26), dem folgendes eingeprägt ist (s. VIII A und Gl. 33):

der (Teil-) Zustand „P, . . .“ sowie End-Momente

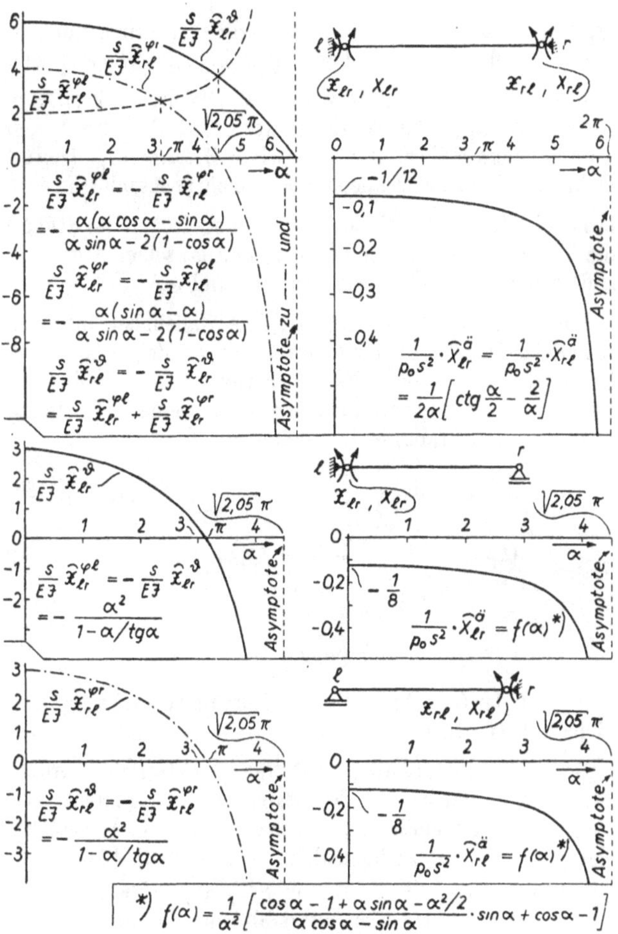

Bild 27. End-Biegemomente des beiderseitig oder einseitig eingespannten Stabes

$M_{y(l)} = -X_{lr;0}$, $M_{y(r)} = X_{rl;0}$ (letztere natürlich nur, soweit nicht der Stab bei l bzw. r gelenkig angeschlossen ist),

eine End-Kraft $P_{\bar{x}(r)}$, entweder (s. Gleichung 33c) vom Betrage $X_{S(rl);0}$ oder (s. das hinter Gl. 34 über dem Strich Gesagte) vom anderweitig ermittelten Betrage $S_{(r);0}$ (soweit nicht der Stab bei r längsverschieblich angeschlossen ist),

ferner (im Hinblick auf die Verschiebungsgrößen des Stabes) die lt. VIII A gegebenen Wege $\mathfrak{w}_l$ und $\mathfrak{w}_r$ seiner Anschlußstellen (damit zugleich gegeben: ϑ_{lr} und ε_{lr}).

Indem die vom (Teil-) Zustand „$P, \ldots$“ allein herrührenden Schnittlasten des Elementarstabes durch Zeiger $_P$ und St gekennzeichnet werden, ist — beispielsweise für die primären Schnittlasten an einer Stelle j eines beiderseitig eingespannten Stabes — zu schreiben:

$$B_{(j);0} = X_{lr;0} \cdot \frac{\bar{x}'}{s} + X_{rl;0} \cdot \frac{\bar{x}}{s} + B^{St}_{(j);P}, \tag{38}$$

$$Q_{(j);0} = \frac{X_{rl;0} - X_{lr;0}}{s} + Q^{St}_{(j);P}, \tag{39}$$

$$S_{(j);0} = X_{S(rl);0} + S^{St}_{(j);P} \tag{40a}$$

$$\text{bzw.} = S_{(r);0} + S^{St}_{(j);P} \tag{40b}$$

Bezüglich der (primären) Verschiebungen $\varphi_{(j)}, w_{\bar{x}(j)}, w_{\bar{z}(j)}$ siehe Bd. II, Gl. 104!

Sollen die vollständigen Beträge der statischen Größen ermittelt werden, so ist der Stab l—r (lt. obigem als Elementarstab aufgefaßt und — wie geschildert — belastet gedacht) nach VI B zu behandeln. — Nimmt die Längskraftprojektion S denjenigen Betrag S^{St}_{krit} an, bei welchem der Stab — wenn er ein Elementarstab wäre und an ihm keine Querbelastung vorläge — knicken würde, so versagt (vgl. VI B 4) die Rechnung (sofern nicht besondere Maßnahmen getroffen werden). — Da es sich aber in Wirklichkeit um einen beiderseitig oder einseitig biegesteif angeschlossenen – statisch unbestimmten – Stab handelt, kommen — nach VII B 1eβ — im Falle $S = S^{St}_{\text{krit}}$ noch endliche, eindeutige Durchbiegungen und Schnittlasten zustande. Der Betrag einer solchen kann (u. a.) durch Interpolation gefunden werden: er wird zu diesem Zweck mehrmals berechnet, und zwar jedesmal mit einem anderen Zahlenwert $S \gtrless S^{St}_{\text{krit}}$.

IX. Formänderungsmethode

A. Vorbemerkungen

Bei der im folgenden behandelten „Formänderungsmethode" oder „Deformationsmethode" sind in vielen Fällen weit weniger Gleichungen aufzustellen (und aufzulösen) als bei der Schnittlastenmethode (s. VII). Außerdem entfallen bei ihr die in VII B 1e erwähnten Schwierigkeiten. – Die folgenden Ausführungen beschränken sich auf ebene Stabwerke mit geraden Stäben und gelten nur, solange keine Spannungen jenseits der Gültigkeitsgrenze des Geradlinigkeitsgesetzes auftreten.

Soweit berücksichtigt werden soll, daß ein Anschlußknoten elastisch nachgiebig ist, wird die betreffende Fessel (vgl. V B 1fβ) durch einen dreh- bzw. weg-elastischen Fesselstab ersetzt gedacht (s. Bild 32). Im Falle eines dreh-elastischen Fesselstabes liege dessen Ende l hinter dem Stabwerk.

Dem Stabwerk sei ein Zustand „0" eingeprägt: Lasten $\mathfrak{P}$, M an beliebigen Stellen, evtl. auch Temperaturen, eingeprägte Grundverformungen u. a. m. Nach VIII können die zugehörigen Schnittlasten und Verschiebungen an jeder Stelle j als bekannt gelten, sobald die folgenden „kinematisch unbestimmten Größen“ oder „kinematisch Unbestimmten“ des Stabwerks bekannt sind: die Knoten-Drehungen φ_i sowie eine Anzahl von Stab-Drehungen $\psi_\varkappa$, und zwar von letzteren so viele, wie benötigt werden, um – zufolge der kinematischen Zusammenhänge (s. unten) – die Knoten-Wege $\mathfrak{w}_i$ des Stabwerks beschreiben zu können (womit dann auch alle übrigen Stab-Drehungen ϑ_{lr}, desgl. die Stab-Dehnungen ε_{lr}, bekannt sind).

Soweit mit primären statischen Größen gerechnet wird, seien ggf. an Kragarmen wirkende Lasten durch die Aktions-Kräfte und -Momente an den Einspannstellen der Kragarme ersetzt.

B. Kinematisch Unbestimmte; Elementar-Verformungszustände

1. Stabwerke mit längsstarr gedachten Stäben

a) Fachwerke

Das Stabwerk sei ein (ebenes) Fachwerk (s. IV B) mit längsstarr gedachten Stäben, das bei Annahme gelenkiger Knoten zu einem statisch bestimmten (ebenen) Gelenkfachwerk wird (s. Bild 28); unabhängig von dem in IV B 2a Gesagten mögen an ihm Kräfte und Momente an beliebigen Stellen angreifen. – Seine kinematisch Unbestimmten bestehen in den Drehungen $\varphi_1, \ldots \varphi_i, \ldots \varphi_n$ der drehbaren steifen Knoten $1, \ldots i, \ldots n$[1]).

Unter dem Elementar-Verformungszustand „$\varphi_i = 1$“ des gegebenen Stabwerks (s. Bild 28) sei der Formänderungszustand verstanden, der sich einstellt, wenn dem Knoten i eine Drehung vom Betrag 1 eingeprägt wird und zugleich

[1]) Solche Knoten liegen vor, wo mindestens zwei Stäbe biegesteif miteinander verbunden sind oder wo ein Stab an einem elastischen (evtl. gedachten) Dreh-Fesselstab angeschlossen ist.

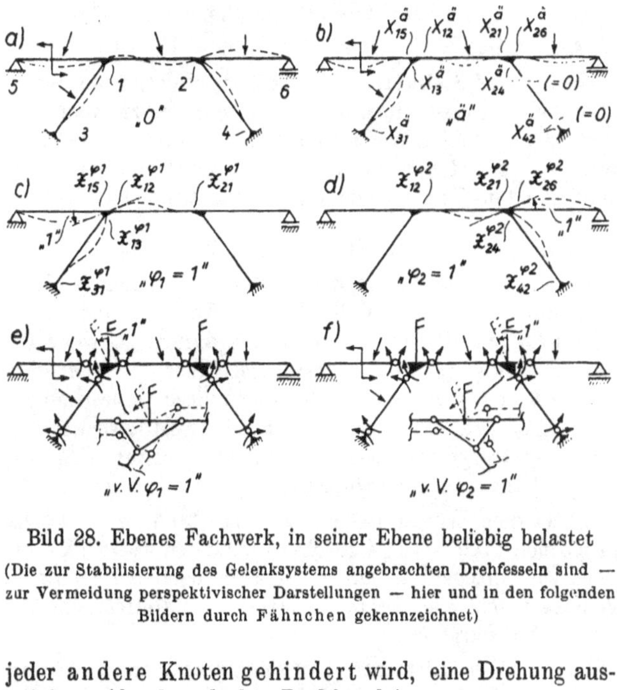

Bild 28. Ebenes Fachwerk, in seiner Ebene beliebig belastet

(Die zur Stabilisierung des Gelenksystems angebrachten Drehfesseln sind — zur Vermeidung perspektivischer Darstellungen — hier und in den folgenden Bildern durch Fähnchen gekennzeichnet)

jeder andere Knoten gehindert wird, eine Drehung auszuführen (durch gedachte Drehfesseln).

Beim Elementar-Verformungszustand „$\varphi_i = 1$“ treten an den Enden der in i zusammentreffenden Stäbe $i-u$ End-Biegemomente $\mathfrak{X}_{iu}^{\varphi i}$ und $\mathfrak{X}_{ui}^{\varphi i}$ auf. — Ist in i ein elastischer (evtl. gedachter) Dreh-Fesselstab angeschlossen (vgl. IX A und Bild 32), so entsteht in diesem ein End-Torsionsmoment (vgl. V B 1 f β):

$$\mathfrak{X}_{T(i)}^{\varphi i} = \frac{GJ_T}{s} = \frac{1}{kM}\,. \tag{41}$$

b) Andere Stabwerke: Rahmenwerke

α) Allgemeines

Besitzt das Stabwerk, dessen Stäbe wiederum als längsstarr gelten sollen, einen oder mehrere Stäbe zu wenig, als daß es als ein Fachwerk zu bezeichnen wäre — Rahmenwerk —, so treten an ihm (auch wenn seine Stäbe längsstarr sind) Knoten-Wege — und damit Stab-Drehungen — auf.

β) Eine Stabdrehung kinematisch unbestimmt

Besitzt das Stabwerk nur einen Stab zu wenig (s. IX $\overline{\text{A}}$ und Bild 29), so liegen die Knoten-Wege — und damit sämtliche Stab-Drehungen — bereits dann fest, wenn die Stab-Drehung ψ_a eines „herausgegriffenen" (drehbaren) Stabes $f-a$ bekannt ist. — Die kinematisch Unbestimmten sind $\varphi_1, \ldots \varphi_i, \ldots \varphi_n, \psi_a$. Als Stab $f-a$ sei (zweckmäßig) einer herausgegriffen, dessen Endpunkt f keinen Weg ausführen kann; seine Länge sei s_a.

Unter dem Elementar-Verformungszustand „$\varphi_i = 1$" des gegebenen Stabwerks sei gleiches verstanden wie in IX B 1 a, doch sei hinzugefügt, daß dabei auch noch der Stab $f-a$ gehindert sei, eine Drehung auszuführen (durch eine gedachte Wegfessel an a).

Unter dem Elementar-Verformungszustand „$\psi_a = 1$" des gegebenen Stabwerks (s. Bild 29) sei der Formänderungszustand verstanden, der sich einstellt, wenn dem Stab $f-a$ eine Drehung vom Betrag 1 eingeprägt wird und zugleich jeder Knoten gehindert wird, eine Drehung auszuführen. — Dabei beschreibt a lt. Bild 29 einen (kleinen) Weg $\mathfrak{W}_a^{\psi a}$ vom Absolutbetrag $1 \cdot s_a$, senkrecht zu $f-a$, und führen die einzelnen Stäbe $l-r$ des Stabwerks Drehungen $\Theta_{lr}^{\psi a}$ aus: Diese sind gleich denen, die sich einstellen würden, wenn die Knoten des Stabwerks gelenkig wären; sie können daher wie folgt ermittelt werden:

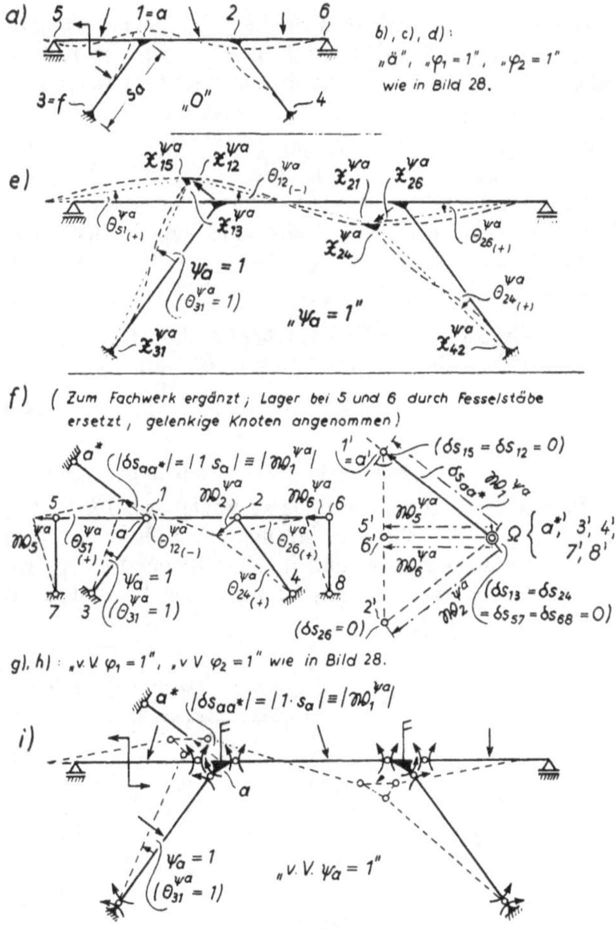

Bild 29. Ebenes Rahmenwerk (1 Stab „zu wenig")

Das gegebene Stabwerk wird zu einem Fachwerk ergänzt, indem an a ein Weg-Fesselstab a^*-a, senkrecht zu $f-a$, eingebaut (gedacht) wird. An diesem Fachwerk werden die Knoten-Wege $\mathfrak{W}_i^{\psi a}$ ermittelt – z. B. nach Williot (s. V D 4) –, die sich mit folgendem ergeben (s. Bild 29): Die Längenänderung δs_{a^*a} von a^*-a ist (der Stab-Drehung $\psi_a = 1$ entsprechend und je nach Anordnung des Stabes a^*-a) eine Verkürzung oder eine Verlängerung vom Absolutbetrag $1 \cdot s_a$; für alle übrigen Stäbe gilt $\delta s = 0$. — Mit den Knoten-Wegen $\mathfrak{W}_i^{\psi a}$ liegen die Stab-Drehungen $\Theta_{lr}^{\psi a}$ fest (s. VIII A).

Die beim Elementar-Verformungszustand „$\psi_a = 1$" auftretenden End-Biegemomente sind (s. Gl. 33):

$$\mathfrak{X}_{lr}^{\psi a} = \Theta_{lr}^{\psi a} \cdot \mathfrak{X}_{lr}^{\vartheta}, \quad \mathfrak{X}_{rl}^{\psi a} = \Theta_{lr}^{\psi a} \cdot \mathfrak{X}_{rl}^{\vartheta}. \tag{42}$$

γ) Mehrere Stab-Drehungen kinematisch unbestimmt

Besitzt das Stabwerk ν Stäbe zu wenig (vgl. IX B 1 bα; s. Bild 30), so bestehen die kinematisch Unbestimmten in n Knoten-Drehungen φ_i und in ν Stab-Drehungen ψ_a, ψ_b, $\ldots \psi_\varkappa$, $\ldots \psi_\nu$ von ν „herausgegriffenen" (drehbaren) Stäben $f_a-a, \ldots f_\varkappa-\varkappa, \ldots f_\nu-\nu$.

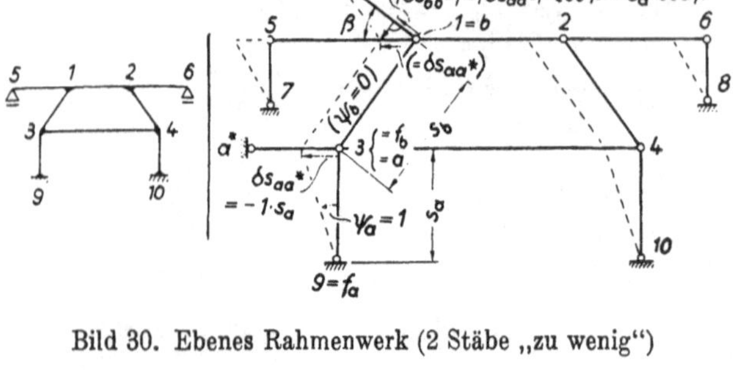

Bild 30. Ebenes Rahmenwerk (2 Stäbe „zu wenig")

Zur Wahl des Stabes $f_a - a$ gelte gleiches wie in IX B 1bβ ausgeführt. Als Stab $f_b - b$ sei (zweckmäßig) einer herausgegriffen, dessen Ende f_b keinen Weg ausführen kann, wenn $\psi_a = 0$ ist (z. B. ein Stab, dessen Ende f_b mit a zusammenfällt; — s. auch das weiter unten Gesagte). — Allgemein sei als Stab $f_\varkappa - \varkappa$ einer herausgegriffen, dessen Ende $f_\varkappa$ keinen Weg ausführen kann, wenn $\psi_a = \psi_b = \cdots \psi_{\varkappa-1} = 0$ ist; seine Länge sei $s_\varkappa$.

Um Stäbe zu schaffen, die in diesem Sinne als Stäbe $f_\varkappa$—$\varkappa$ geeignet sind, empfiehlt es sich oft, das gegebene Stabwerk durch einen oder mehrere „angehängte" Elementarstäbe erweitert zu denken (s. Bild 32); ein solcher Elementarstab ist dann mit einem Ende (gelenkig) am betr. Knoten des Stabwerks und mit seinem anderen Ende am Erdboden usw. angeschlossen zu denken.

Unter „$\varphi_i = 1$" sei gleiches verstanden wie in IX B 1a, doch sei hinzugefügt, daß bei einem Zustand „$\varphi_i = 1$" auch noch jeder der herausgegriffenen Stäbe $f_\varkappa - \varkappa$ gehindert sei, eine Drehung auszuführen.

Unter „$\psi_\varkappa = 1$" sei der Formänderungszustand verstanden, der sich einstellt, wenn dem Stab $f_\varkappa - \varkappa$ eine Drehung von Betrag 1 eingeprägt wird und zugleich jeder andere der herausgegriffenen Stäbe, desgl. jeder Knoten i, gehindert wird, eine Drehung auszuführen. — Dabei beschreibt $\varkappa$ einen (kleinen) Weg $\mathfrak{W}_\varkappa^{\psi\varkappa}$ senkrecht zu $f_\varkappa - \varkappa$. — Zur Ermittlung der zugehörigen Stab-Drehungen $\Theta_{lr}^{\psi\varkappa}$ wird das Stabwerk wieder zu einem Fachwerk ergänzt, indem an $a, b, \ldots \varkappa, \ldots \nu$ je ein Weg-Fesselstab $\ldots \varkappa^* - \varkappa, \ldots$, senkrecht zu $\ldots f_\varkappa - \varkappa, \ldots$, eingebaut (gedacht) wird. An diesem Fachwerk werden die Knotenwege $\mathfrak{W}_i^{\psi\varkappa}$ ermittelt, die sich mit folgendem ergeben (vgl. IX B 1bβ): $\delta s_{\varkappa^*\varkappa}$ ist eine Verkürzung bzw. Verlängerung vom Absolutbetrag

$1 \cdot s_\varkappa$, und die Stab-Längenänderungen $\delta s_{(\varkappa+1)^*(\varkappa+1)}, \ldots \delta s_{\nu^*\nu}$ werden so festgelegt, daß die Stäbe $f_{(\varkappa+1)}-(\varkappa+1), \ldots f_\nu-\nu$ keine Drehungen, wohl aber (nötigenfalls) Parallel-Verschiebungen ausführen[1]). — So muß z. B. bei dem Stabwerk im Bild 30 sein:

$$\delta s_{a^*a} = -1 \cdot s_a, \quad \delta s_{b^*b} = -1 \cdot s_a \cdot \cos\beta.$$

Durch geeignete Einführung von „angehängten" Elementarstäben (s. oben) läßt es sich oft erreichen, daß Zustände „$\psi_\varkappa = 1$" zustande kommen, bei denen jeweils nur wenig Knoten und Stäbe Verschiebungen ausführen (so z. B. bei sog. Vierendeel-Trägern).

Die beim Elementar-Verformungszustand „$\psi_\varkappa = 1$" auftretenden End-Biegemomente sind (vgl. IX B 1bβ):

$$\mathfrak{X}_{lr}^{\psi\varkappa} = \Theta_{lr}^{\psi\varkappa} \cdot \mathfrak{X}_{lr}^{\vartheta}, \quad \mathfrak{X}_{rl}^{\psi\varkappa} = \Theta_{lr}^{\psi\varkappa} \cdot \mathfrak{X}_{rl}^{\vartheta}. \tag{43}$$

2. Stabwerke mit längselastischen Stäben

a) Vorbemerkungen

Handelt es sich um ein Stabwerk, das mit der Annahme gelenkiger Knoten zu einem statisch unbestimmten Gelenkfachwerk wird, so ist eine Berechnung seiner Stabkräfte nur dann möglich, wenn berücksichtigt wird, daß die Stäbe längselastisch sind. — In solchen Fällen empfiehlt es sich allerdings, zur Stabkraft-Berechnung von der Schnittlastenmethode Gebrauch zu machen (weiteres siehe in IX C 4b).

Bei anderen Stabwerken ist es u. U. erforderlich, einen oder mehrere Stäbe als längselastisch anzusehen, weil deren Längssteifigkeit besonders klein ist (s. Bild 31).

---

[1]) Für alle übrigen Stäbe gilt wieder $\delta s = 0$.

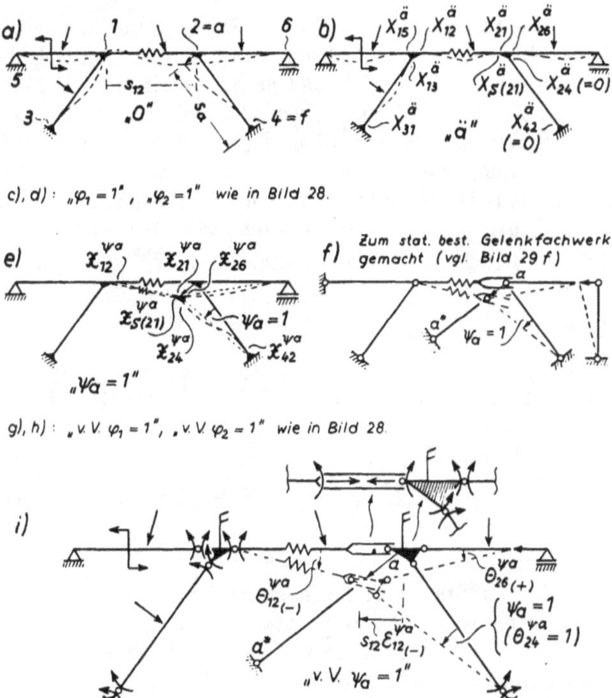

Bild 31. Fachwerk mit einem längs-elastischen Stab

Als längselastisch sind ferner diejenigen Weg-Fesselstäbe anzusehen, die zur Berücksichtigung von wegelastischen Anschlußstellen eingeführt werden (vgl. IX A und IX C 4a mit Bild 32).

b) Fachwerk mit einem längselastischen Stab

Ist das Stabwerk ein Fachwerk, das bei Annahme gelenkiger Knoten zu einem statisch bestimmten ebenen Gelenkfachwerk wird (s. IV B 2), und besitzt es einen Stab 1–2, der als längselastisch anzusehen ist (s. Bild 31), so sind an dem Stabwerk solche Knoten-Wege und Stab-Drehungen (kinematisch) möglich, wie wenn z. B. am Ende 2 des längs-elastischen Stabes 1–2 eine Weg-Verschieblichkeit parallel dem Stab eingelegt wäre. Mit den somit nach IX B 1 bβ sich ergebenden Knotenwegen $\mathfrak{W}_i^{\psi a}$ zu „$\psi_a = 1$" ergibt sich neben den Stab-Drehungen $\Theta_{lr}^{\psi a}$ noch eine Stab-Dehnung $\mathfrak{E}_{1,2}^{\psi a}$ (vgl. VIII A).

Bezüglich der End-Biegemomente bei „$\varphi_i = 1$" und „$\psi_a = 1$" gilt gleiches wie in IX B 1 bβ. Am (längselastischen) Stab 1–2 gehört zu „$\psi_a = 1$" noch eine End-Längskraft (s. Gl. 33 c):

$$\mathfrak{X}_{S(2,1)}^{\psi a} = \mathfrak{E}_{1,2}^{\psi a} \cdot \mathfrak{X}_{S(2,1)}^{\varepsilon}. \tag{44}$$

c) Verallgemeinerung

Besitzt ein Stabwerk, nachdem die längselastischen Stäbe zerschnitten sind, insgesamt ν Stäbe zu wenig, als daß es als ein Fachwerk zu bezeichnen wäre, so treten als kinematisch Unbestimmte – neben den Knotendrehungen φ_i – noch ν Stab-Drehungen $\psi_\varkappa$ auf.

C. Ansatz und Durchführung der Rechnungen

1. Vorbereitung

a) Kinematisch Unbestimmte; End-Schnittlasten

Dem gegebenen Stabwerk sei irgendein Zustand „0" eingeprägt: Lasten $\mathfrak{P}$, M, evtl. auch Temperaturen, eingeprägte Grundverformungen usw. – Im folgenden muß oft so getan werden, als wären hierbei alle kinematisch Unbestimmten φ_i, $\psi_\varkappa$ gleich Null. Dann wird nicht vom Zustand „0“, sondern vom Zustand „ä“ gesprochen.

Die beim Zustand „0“ sich ergebenden (noch unbekannten) Beträge der kinematisch Unbestimmten seien ... $\varphi_{i;0}$, ... $\psi_{\varkappa;0}$, ... – Der zugehörige Formänderungszustand des ganzen Stabwerks ergibt sich durch Überlagerung des zum Zustand „ä“ gehörenden Formänderungszustandes mit den $\varphi_{i;0}$-fachen Elementar-Verformungszuständen „$\varphi_i = 1$“ und den $\psi_{\varkappa;0}$-fachen Elementar-Verformungszuständen „$\psi_\varkappa = 1$“.

Für die an den Stab-Enden auftretenden End-Schnittlasten X ist somit allgemein zu schreiben (s. auch Gl. 33):

$$X_{lr;0} = \sum_{i=1}^{n} \varphi_{i;0}\, \mathfrak{X}_{lr}^{\varphi i} + \sum_{\varkappa=a}^{\nu} \psi_{\varkappa;0}\, \mathfrak{X}_{lr}^{\psi\varkappa} + X_{lr}^{ä}, \qquad (45\text{a})$$

$$X_{rl;0} = \sum_{i=1}^{n} \varphi_{i;0}\, \mathfrak{X}_{rl}^{\varphi i} + \sum_{\varkappa=a}^{\nu} \psi_{\varkappa;0}\, \mathfrak{X}_{rl}^{\psi\varkappa} + X_{rl}^{ä}, \qquad (45\text{b})$$

$$X_{S(rl);0} = \sum_{\varkappa=a}^{\nu} \psi_{\varkappa;0}\, \mathfrak{X}_{S(rl)}^{\psi\varkappa} + X_{S(rl)}^{ä} \qquad (45\text{c})$$

und – ggf. (s. Gl. 41) –

$$X_{T(i);0} = \varphi_{i;0}\, \mathfrak{X}_{T(i)}^{\varphi i}. \qquad (45\text{d})$$

Die in Gl. 45 auftretenden Größen $X^{ä}$ sind gleich denen des eingespannten Stabes lt. Tfl. 6, soweit es sich nicht darum handelt, den Einfluß von vorgegebenen Verschiebungen oder Stab-Längenänderungen zu erfassen (Näheres hierzu s. in IX C 4 und auf S. 106).

Von den Größen $\mathfrak{X}_{lr}^{\varphi i}$ und $\mathfrak{X}_{rl}^{\varphi i}$ sind nur diejenigen ungleich Null, bei denen der Zeiger $^{\varphi i}$ die Drehung eines solchen Knotens i kennzeichnet, der am Ende l oder r von $l-r$ liegt.

b) Stabilisiertes Gelenksystem

Zur Aufstellung von Elastizitätsgleichungen sei ein Stabwerk betrachtet, das aus dem gegebenen wie folgt entsteht: An jedem steif angeschlossenen Stab-Ende l bzw. r wird ein Gelenk eingelegt (s. die Bilder 28, 29, 31); ferner wird am Ende r eines jeden längselastischen Stabes eine Weg-Verschieblichkeit, parallel dem Stab, eingelegt (s. Bild 31); soweit elastische Dreh-Fesselstäbe zu berücksichtigen sind, wird an deren Ende r ein Torsionsgelenk eingelegt (d. i. ein Zylindergelenk, dessen Achse parallel dem Fesselstab ist). Schließlich wird — damit ein stabiles Gebilde zustande kommt[1]) — noch an jedem Knoten i ein Dreh-Fesselstab angebracht und wird am Endpunkt $\varkappa$ jedes der „herausgegriffenen" Stäbe $f_\varkappa - \varkappa$ ein Weg-Fesselstab $\varkappa^* - \varkappa$, senkrecht zu $f_\varkappa - \varkappa$, angebracht (wie schon einmal in IX B 1bβ und γ geschildert).

Das so entstandene Gebilde sei „stabilisiertes Gelenksystem" genannt.

2. Elastizitätsgleichungen

Dieselben Schnittlasten[2]) wie im gegebenen Stabwerk — unter dem Zustand „0" — ergeben sich im stabilisierten Gelenksystem, wenn diesem folgendes eingeprägt wird: die Lasten $\mathfrak{P}$, M des Zustandes „0", die zugehörigen (noch unbekannten) End-Schnittlasten $X_{lr;0}$, $X_{rl;0}$ und — ggf. — $X_{S(rl);0}$, $X_{T(i);0}$. — Dabei werden die Fessellasten in den zur Stabilisierung angebrachten Fesselstäben gleich Null.

Dem so belasteten stabilisierten Gelenksystem seien (nacheinander) $n + \nu$ virtuelle Verschiebungszustände erteilt (s. die Bilder 28, 29, 31, 32; vgl. II H, III D), nämlich n Zustände „v. V. $\varphi_i = 1$" und ν Zustände „v. V. $\psi_\varkappa = 1$" lt. folgendem:

[1]) Diese „Stabilisierung" geschieht nur deshalb, weil es bequemer ist, mit stabilen Gebilden zu arbeiten als mit unstabilen.

[2]) Aber nicht dieselben Verschiebungen.

„v. V. $\varphi_i = 1$“ bestehe darin, daß der Knoten i eine Drehung vom Betrage $+1$ ausführt[1]), während jeder andere der Knoten $1, \ldots n$, desgl. jeder Stab $f_\varkappa - \varkappa$, keine Drehung ausführt;

„v. V. $\psi_\varkappa = 1$“ bestehe darin, daß der Stab $f_\varkappa - \varkappa$ eine Drehung vom Betrage $+1$ ausführt[2]), während jeder andere der Stäbe $f_a - a, \ldots f_\nu - \nu$, desgl. jeder Knoten i, keine Drehung ausführt; „v. V. $\psi_\varkappa = 1$“ bedeutet zugleich eine (eingeprägte) Längenänderung von $\varkappa^* - \varkappa$ und evtl. von weiteren Weg-Fesselstäben, ganz wie in IX B 1bγ zu „$\psi_\varkappa = 1$“ ausgeführt. — Die zugehörigen Knoten-Wege, Stab-Drehungen und -Dehnungen sind bereits bekannt ($\mathfrak{W}_i^{\psi\varkappa}, \Theta_{lr}^{\psi\varkappa}, \mathfrak{E}_{lr}^{\psi\varkappa}$). Mit ihnen ergeben sich auch die zugehörigen Drehungen und Wege aller Last-Angriffsstellen am stabilisierten Gelenksystem (vgl. Bd. II, Gl. 104):

$$\Theta_{(j)}^{\psi\varkappa} = \Theta_{lr}^{\psi\varkappa}; \quad \mathfrak{W}_{(j)}^{\psi\varkappa} = \mathfrak{W}_{(l)}^{\psi\varkappa} - \Theta_{lr}^{\psi\varkappa} \cdot \bar{x}_j \cdot \mathfrak{e}^{***}. \tag{46}$$

Zu jedem der virtuellen Verschiebungszustände sei ausgesprochen, daß die bei ihm geleistete virtuelle Arbeit der angebrachten Lasten (s. oben) insgesamt gleich Null sein muß, weil Gleichgewicht besteht (vgl. II H). Indem dabei die End-Schnittlasten X mittels der Gleichungen 45 durch die kinematisch Unbestimmten

$$\varphi_1, \ldots \varphi_i, \ldots \varphi_n, \ \psi_a, \ldots \psi_\varkappa, \ldots \psi_\nu$$

ausgedrückt werden, ergeben sich die in Tafel 7 angeschriebenen

„Elastizitätsgleichungen der Formänderungsmethode“.

---

[1]) Dabei ist die am Knoten i angebrachte (beim Zustand „0“ — am gegebenen Stabwerk — momentenfreie) Drehfessel zerschnitten zu denken!

[2]) Dabei ist der am Knoten $\varkappa$ angebrachte (beim Zustand „0“ — am gegebenen Stabwerk — kraftfreie) Weg-Fesselstab $\varkappa^* - \varkappa$ — ggf. nebst weiteren Weg-Fesselstäben solcher Art — zerschnitten zu denken!

	$\varphi_{10} \cdots$	$\varphi_{i0} \cdots$	$\varphi_{k0} \cdots$	φ_{n0}	$\psi_{\alpha 0} \cdots$	$\psi_{\varkappa 0} \cdots$	$\psi_{\lambda 0} \cdots$	$\psi_{\nu 0}$		
„1":	$a_{11} \cdots$	$a_{1i} \cdots$	$a_{1k} \cdots$	a_{1n}	$a_{1\alpha} \cdots$	$a_{1\varkappa} \cdots$	$a_{1\lambda} \cdots$	$a_{1\nu}$	a_{10}	$= 0$
…	…	…	…	…	…	…	…	…	…	…
„i":	$a_{i1} \cdots$	$a_{ii} \cdots$	$a_{ik} \cdots$	a_{in}	$a_{i\alpha} \cdots$	$a_{i\varkappa} \cdots$	$a_{i\lambda} \cdots$	$a_{i\nu}$	a_{i0}	$= 0$
…	…	…	…	…	…	…	…	…	…	…
„n":	$a_{n1} \cdots$	$a_{ni} \cdots$	$a_{nk} \cdots$	a_{nn}	$a_{n\alpha} \cdots$	$a_{n\varkappa} \cdots$	$a_{n\lambda} \cdots$	$a_{n\nu}$	a_{n0}	$= 0$
„α":	$a_{\alpha 1} \cdots$	$a_{\alpha i} \cdots$	$a_{\alpha k} \cdots$	$a_{\alpha n}$	$a_{\alpha\alpha} \cdots$	$a_{\alpha\varkappa} \cdots$	$a_{\alpha\lambda} \cdots$	$a_{\alpha\nu}$	$a_{\alpha 0}$	$= 0$
…	…	…	…	…	…	…	…	…	…	…
„κ":	$a_{\varkappa 1} \cdots$	$a_{\varkappa i} \cdots$	$a_{\varkappa k} \cdots$	$a_{\varkappa n}$	$a_{\varkappa\alpha} \cdots$	$a_{\varkappa\varkappa} \cdots$	$a_{\varkappa\lambda} \cdots$	$a_{\varkappa\nu}$	$a_{\varkappa 0}$	$= 0$
…	…	…	…	…	…	…	…	…	…	…
„ν":	$a_{\nu 1} \cdots$	$a_{\nu i} \cdots$	$a_{\nu k} \cdots$	$a_{\nu n}$	$a_{\nu\alpha} \cdots$	$a_{\nu\varkappa} \cdots$	$a_{\nu\lambda} \cdots$	$a_{\nu\nu}$	$a_{\nu 0}$	$= 0$

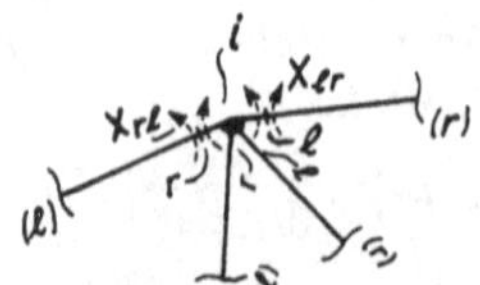

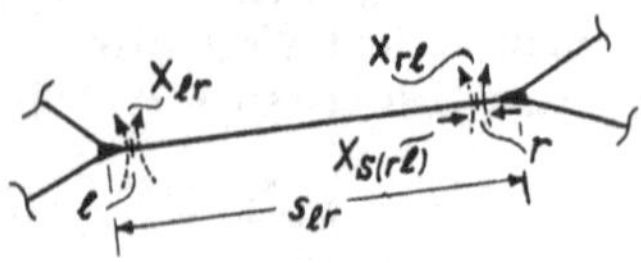

Erstreckung der nachfolgend genannten Summen:

Σ^{ℓ} bzw. Σ^{r} : über die bei „i" liegenden Stab-Enden ℓ bzw. r;

Σ^{s} : über alle Stäbe (soweit die im Summanden genannten Größen existieren);

$\Sigma^{s(i)}$: über die in „i" angeschlossenen Stäbe;

$\Sigma^{s(i=\ell)}$ bzw. $\Sigma^{s(i=r)}$: über die in „i" mit ihrem Ende ℓ bzw. r angeschlossenen Stäbe;

Σ_{i} : über die Knoten „i";

Σ_{μ} : über die nicht mit Knoten zusammenfallenden Last-Angriffsstellen „μ".

Zur Gleichung „i":

$$a_{i;0} = A^{v}[\mathfrak{P}, M, X^{\ddot{a}}] \text{ bei „v. V. } \varphi_i = 1\text{"}$$
$$= \Sigma^{\ell} X^{\ddot{a}}_{\ell r} - \Sigma^{r} X^{\ddot{a}}_{r\ell} + M_{(i)},$$

$$a_{i;i} = A^{v}[\mathfrak{X}^{\varphi i}] \text{ bei „v. V. } \varphi_i = 1\text{"}$$
$$= \Sigma^{\ell} \mathfrak{X}^{\varphi i}_{\ell r} - \Sigma^{r} \mathfrak{X}^{\varphi i}_{r\ell} - \mathfrak{X}^{\varphi i}_{T(i)} \text{ od. } = \Sigma^{\ell} \mathfrak{X}^{\varphi \ell}_{\ell r} - \Sigma^{r} \mathfrak{X}^{\varphi r}_{r\ell} - \mathfrak{X}^{\varphi i}_{T(i)},$$

$$a_{i;k}\ (= a_{k;i};\ k \gtrless i) = A^v[\mathfrak{X}^{\varphi k}] \text{ bei „v.V. } \varphi_i = 1\text{"}$$

$$= \left\{ \begin{array}{ll} \mathfrak{X}_{\ell r}^{\varphi k} \text{ od.} = \mathfrak{X}_{\ell r}^{\varphi r}, & \text{wenn bei } i \text{ das Ende } \ell \\ \text{bzw.} & \\ -\mathfrak{X}_{r\ell}^{\varphi k} \text{ od} = -\mathfrak{X}_{r\ell}^{\varphi \ell}, & \text{wenn bei } i \text{ das Ende } r \end{array} \right\} \text{ von } i\text{-}k \text{ (od. } k\text{-}i\text{) liegt,}$$

$$a_{i;\kappa}\ (= a_{\kappa;i}) = A^v[\mathfrak{X}^{\psi\kappa}] \text{ bei „v.V. } \varphi_i = 1\text{"}$$

$$= \sum^{\ell} \mathfrak{X}_{\ell r}^{\psi\kappa} - \sum^{r} \mathfrak{X}_{r\ell}^{\psi\kappa} \text{ od. } = \sum^{\ell} \mathfrak{X}_{\ell r}^{\vartheta}\cdot\Theta_{\ell r}^{\psi\kappa} - \sum^{r} \mathfrak{X}_{r\ell}^{\vartheta}\cdot\Theta_{\ell r}^{\psi\kappa}.$$

Zur Gleichung „κ":

$$a_{\kappa;0} = A^v[P, M; X^{\ddot{a}}] \text{ bei „v.V. } \psi_\kappa = 1\text{"}$$

$$= \sum_i P_{x(i)}\cdot W_{x(i)}^{\psi\kappa} + \sum_i P_{z(i)}\cdot W_{z(i)}^{\psi\kappa} + \sum_\mu P_{x(\mu)}\cdot W_{x(\mu)}^{\psi\kappa} + \sum_\mu P_{z(\mu)}\cdot W_{z(\mu)}^{\psi\kappa} + \sum_\mu M_{(\mu)}\cdot\Theta_{(\mu)}^{\psi\kappa} + \sum^{s} (X_{r\ell}^{\ddot{a}} - X_{\ell r}^{\ddot{a}})\cdot\Theta_{\ell r}^{\psi\kappa} - \sum^{s} X_{S(r\ell)}^{\ddot{a}}\cdot\mathcal{E}_{\ell r}^{\psi\kappa}\cdot s_{\ell r}$$

$$a_{\kappa;\kappa} = A^v[\mathfrak{X}^{\psi\kappa}] \text{ bei „v.V. } \psi_\kappa = 1\text{"}$$

$$= \sum^{s} (\mathfrak{X}_{r\ell}^{\psi\kappa} - \mathfrak{X}_{\ell r}^{\psi\kappa})\cdot\Theta_{\ell r}^{\psi\kappa} - \sum^{s} \mathfrak{X}_{S(r\ell)}^{\psi\kappa}\cdot\mathcal{E}_{\ell r}^{\psi\kappa}\cdot s_{\ell r}$$

$$\text{od. } = \sum^{s} (\mathfrak{X}_{r\ell}^{\vartheta} - \mathfrak{X}_{\ell r}^{\vartheta})\cdot(\Theta_{\ell r}^{\psi\kappa})^2 - \sum^{s} \mathfrak{X}_{S(r\ell)}^{\varepsilon}\cdot(\mathcal{E}_{\ell r}^{\psi\kappa})^2\cdot s_{\ell r}$$

$$a_{\kappa;i}\ (= a_{i;\kappa}) = A^v[\mathfrak{X}^{\varphi i}] \text{ bei „v.V. } \psi_\kappa = 1\text{"}$$

$$= \sum^{s(i)} (\mathfrak{X}_{r\ell}^{\varphi i} - \mathfrak{X}_{\ell r}^{\varphi i})\cdot\Theta_{\ell r}^{\psi\kappa}$$

$$\text{od. } = \sum^{s(i=\ell)} (\mathfrak{X}_{r\ell}^{\varphi\ell} - \mathfrak{X}_{\ell r}^{\varphi\ell})\cdot\Theta_{\ell r}^{\psi\kappa} + \sum^{s(i=r)} (\mathfrak{X}_{r\ell}^{\varphi r} - \mathfrak{X}_{\ell r}^{\varphi r})\,\Theta_{\ell r}^{\psi\kappa}$$

$$a_{\kappa;\lambda}\ (= a_{\lambda;\kappa};\ \lambda \lessgtr \kappa) = A^v[\mathfrak{X}^{\psi\lambda}] \text{ bei „v.V. } \psi_\kappa = 1\text{"}$$

$$= \sum^{s} (\mathfrak{X}_{r\ell}^{\psi\lambda} - \mathfrak{X}_{\ell r}^{\psi\lambda})\cdot\Theta_{\ell r}^{\psi\kappa} - \sum^{s} \mathfrak{X}_{S(r\ell)}^{\psi\lambda}\cdot\mathcal{E}_{\ell r}^{\psi\kappa}\cdot s_{\ell r}$$

$$\text{od. } = \sum^{s} (\mathfrak{X}_{r\ell}^{\vartheta} - \mathfrak{X}_{\ell r}^{\vartheta})\cdot\Theta_{\ell r}^{\psi\lambda}\cdot\Theta_{\ell r}^{\psi\kappa} - \sum^{s} \mathfrak{X}_{S(r\ell)}^{\varepsilon}\cdot\mathcal{E}_{\ell r}^{\psi\lambda}\cdot\mathcal{E}_{\ell r}^{\psi\kappa}\cdot s_{\ell r}$$

Tafel 7. Elastizitätsgleichungen der Formänderungsmethode

Ihre Absolutglieder $\ldots a_{i;0}, \ldots a_{\kappa;0}, \ldots$ und Beiwerte $\ldots a_{i;k}, \ldots a_{\kappa;k}, \ldots$ sind virtuelle Arbeiten, wie in Tafel 7 näher erläutert, z. B.:

$a_{i;0} \equiv A^v[\mathfrak{P}, M, X^a]$ bei „v. V. $\varphi_i = 1$" die virtuelle Arbeit, welche die Lasten $\mathfrak{P}$, M sowie die ihnen entsprechenden End-Schnittlasten X^a bei „v. V. $\varphi_i = 1$" (am stabilisierten Gelenksystem) leisten,

$a_{\varkappa;i} \equiv A^v[\mathfrak{X}^{\varphi i}]$ bei „v. V. $\psi_\varkappa = 1$" die virtuelle Arbeit, welche die beim Elementar-Verformungszustand „$\varphi_i = 1$" auftretenden End-Schnittlasten $\mathfrak{X}^{\varphi i}$ bei „v. V. $\psi_\varkappa = 1$" (am stabilisierten Gelenksystem) leisten.

Die Matrix der so aufgestellten Elastizitätsgleichungen ist „symmetrisch zu ihrer Hauptdiagonale" (vgl. VII B 1b).

3. Verschiebungen und Schnittlasten

a) Feste Zustände

Nachdem die kinematisch Unbestimmten berechnet sind, ergeben sich allgemein die Stab-Drehungen

$$\vartheta_{lr;0} = \sum_{\varkappa=a}^{v} \psi_{\varkappa;0} \cdot \Theta_{lr}^{\psi\varkappa} \tag{47}$$

und – soweit benötigt – die Knoten-Wege

$$\mathfrak{w}_{i;0} = \sum_{\varkappa=a}^{v} \psi_{\varkappa;0} \cdot \mathfrak{W}_i^{\psi\varkappa}, \tag{48}$$

ferner die End-Schnittlasten $X_{lr;0}$, $X_{rl;0}$, $X_{S(rl);0}$ gemäß den Gleichungen 45 oder 33.

Schließlich können dann auch die End-Längskräfte $S_{(r);0}$ der als längsstarr angesehenen Stäbe ermittelt werden: Sie ergeben sich nach IV an Hand des stabilisierten Gelenksystems, an dem die Lasten $\mathfrak{P}$, M sowie die End-Schnittlasten $X_{lr;0}$, $X_{rl;0}$, $X_{S(rl);0}$ angebracht sind. Dazu seien die mit $X_{lr;0}$ bzw. $X_{rl;0}$ gegebenen End-Momente des einzelnen Stabes $l-r$ durch Kräftepaare ersetzt:

das mit $X_{lr;0}$ gegebene End-Moment durch

$$P_{\bar{z}(l);0} = -X_{lr;0}/s, \quad P_{\bar{z}(r);0} = X_{lr;0}/s, \tag{49a}$$

das mit $X_{rl;0}$ gegebene durch

$$P_{z(l);0} = X_{rl;0}/s, \quad P_{\bar{z}(r);0} = -X_{rl;0}/s\,^{1)}. \qquad (49\text{b})$$

Es bezeichne

$$S_{(r)}^{Gls}[\mathfrak{P}, M] \text{ bzw. } S_{(r)}^{Gls}[X_k = 1]$$

den Betrag einer End-Längskraft $S_{(r)}$, der sich im stabilisierten Gelenksystem ergibt, wenn daran

die Lasten $\mathfrak{P}$, M allein wirken

bzw. wenn irgendeine der End-Schnittlasten X – jetzt allgemein X_k genannt – mit dem Betrag $+1$ wirkt.

Dann kann geschrieben werden

$$S_{(r);0} = S_{(r)}^{Gls}[\mathfrak{P}, M] + \sum_k X_{k;0} \cdot S_{(r)}^{Gls}[X_k = 1]. \qquad (50)$$

Hinsichtlich aller weiteren statischen Größen siehe VIII C. – Wenn mehrere Zustände „0" zu erfassen sind, empfiehlt sich die Verwendung von „Einheitslösungen" analog VII J 1.

b) Einflußlinien

Für die Einflußlinien $\varphi_{i;m}$, $\psi_{\varkappa;m}$ der kinematisch Unbestimmten – speziell zu Kräften P_z – gilt nach V B 2 folgendes:

$\varphi_{i;m}$ ist gleich der Fahrbahn-Biegelinie $w_{z(m);i}$, die sich bei Belastung des Stabwerks mit einem Moment $M_{(i)} = 1$ ergibt,

$\psi_{\varkappa;m}$ ist gleich der Fahrbahn-Biegelinie $w_{z(m);\varkappa}$, die sich bei Belastung des Stabwerks mit einem Kräftepaar ergibt, dessen Kräfte $P_{\bar{z}(f\varkappa)}$ und $P_{\bar{z}(\varkappa)}$ den Absolutbetrag $1/s_\varkappa$ haben,

[1]) Entsprechend ist ggf. ein am Stab wirkendes Moment M durch ein Kräftepaar M/s, $-M/s$ zu ersetzen.

senkrecht zu $f_\varkappa - \varkappa$ stehen und solchen Richtungssinn haben, daß ihr Moment gleich + 1 ist[1]).

Zur Ermittlung dieser Fahrbahn-Biegelinien sind zunächst die Knoten-Wege des die Fahrbahn tragenden Gurtes zu bestimmen, dann die Biegelinien-Ordinaten des Gurtes bzw. die lotrechten Wegkomponenten der Anschlußstellen von Fahrbahn-Zwischenträgern am Gurt.

Anschließend ergeben sich die Einflußlinien $X_{lr;\,m}$, $X_{rl;\,m}$, $X_{S(rl);\,m}$ bzw. $S_{(r);\,m}$ durch Überlagerungen im Sinne der Gleichungen 45 bzw. 50: Dort sei der Zeiger $_0$ durch $_m$ ersetzt und sei statt der Glieder $X^{\ddot{a}}$ geschrieben: $X^{\ddot{a}}_{lr;\,m}$, $X^{\ddot{a}}_{rl;\,m}$, $X^{\ddot{a}}_{S(rl);\,m}$. Letztere drei Bezeichnungen bedeuten die Einflußlinien, die sich nach VII J 2 für die betreffenden End-Schnittlasten $X^{\ddot{a}}$ ergeben, wenn so getan wird, als wäre der Stab $l-r$ dort, wo er biegesteif angeschlossen ist, starr eingespannt. Diese Einflußlinien sind aber nur insoweit zu berücksichtigen, als $P_z = 1$ bei der Wanderung über die Fahrbahn den Stab $l-r$ unmittelbar oder durch die Auflager-Aktionen von Fahrbahn-Zwischenträgern beaufschlagt.

Weiterhin ergeben sich die Einflußlinien sonstiger Größen durch Überlagerungen im Sinne der Gleichungen 38 bis 40: Darin sei ebenfalls der Zeiger $_0$, desgl. der Zeiger $_p$, durch $_m$ ersetzt. Auch hier ist das jeweils letzte Glied (Einflußlinien $B^{St}_{(j);\,m}$ usw. am gedachten Elementarstab) nur insoweit zu berücksichtigen, als $P_z = 1$ bei der Wanderung über die Fahrbahn den Stab $l-r$ unmittelbar oder durch die Auflager-Aktionen von Fahrbahn-Zwischenträgern beaufschlagt.

---

[1]) Die zu diesen Belastungszuständen gehörenden Beträge der kinematisch Unbestimmten sind Einheitslösungen der Elastizitätsgleichungen.

Jede Einflußlinie verläuft zwischen zwei aufeinanderfolgenden Anschlußstellen von Fahrbahn-Zwischenträgern geradlinig (vgl. III B 2a).

4. Besondere Fälle (s. auch Nachtr. auf S. 106)

a) Eingeprägte Knoten-Verschiebungen[1])

Z. B. der Anschlußstelle 3 des Stabwerks in Bild 32 (mit längsstarr gedachten Stäben) sei eine Drehung $\overset{!}{\varphi}_{(3)}$ eingeprägt. — Kinematisch Unbestimmte sind φ_1 und φ_2. — Die End-Biegemomente des Zustands „ä" sind:

$$X^{ä}_{3,1} = \overset{!}{\varphi_3} \cdot \mathfrak{X}^{\varphi 3}_{3,1}, \qquad X^{ä}_{1,3} = \overset{!}{\varphi_3} \cdot \mathfrak{X}^{\varphi 3}_{1,3}. \tag{51}$$

Z. B. der Anschlußstelle 3 desselben Stabwerks sei ein Weg $\overset{!}{w}_{z(3)}$ eingeprägt. Das ist gleichbedeutend damit, daß dem „angehängten"[2]) Elementarstab f—3 eine Drehung $\overset{!}{\psi}_{(3)} = \overset{!}{w}_{z(3)}/s_3$ eingeprägt

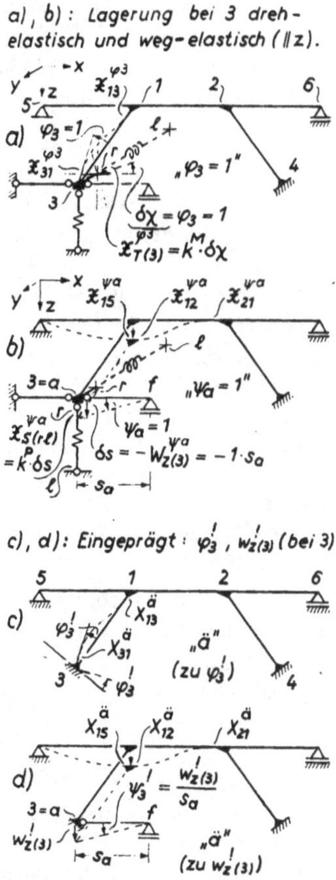

Bild 32. Stabwerk mit einem nachgiebigen Anschlußknoten und einem „angehängten" Elementarstab

[1]) Vgl. IX C 1a (S. 85).
[2]) Vgl. IX B 1bγ (S. 82).

sei. – Kinematisch Unbestimmte sind φ_1 und φ_2. – Als Zustand „ä" treten bestimmte Drehungen $\vartheta^!_{lr}$ der Stäbe $l-r$ auf, die z. B. nach Williot ermittelt werden können. Die zugehörigen End-Biegemomente sind

$$X^{ä}_{lr} = \vartheta^!_{lr} \cdot \mathfrak{X}^{\vartheta}_{lr}, \quad X^{ä}_{rl} = \vartheta^!_{lr} \cdot \mathfrak{X}^{\vartheta}_{rl}. \tag{52}$$

b) Nebenspannungs-Momente in Fachwerken

Bei Fachwerken sind die End-Biegemomente X_{lr} und X_{rl} die sog. Nebenspannungs-Momente (s. IV B 2a). Sie sind von den Längssteifigkeiten EF der Stäbe abhängig und lassen sich wie folgt leicht bestimmen.

Unter Auffassung des Stabwerks als Gelenkfachwerk seien seine Stabkräfte S^0, Stab-Längenänderungen δs^0 ($= S^0/EF$), Knotenwege $\mathfrak{w}^0$, Stab-Drehungen ϑ^0 ermittelt. Nun wird so getan, als handelte es sich um ein Fachwerk mit längs**starren** Stäben, dem die Stab-Längenänderungen δs^0 und damit auch die Stab-Drehungen ϑ^0 **eingeprägt** sind[1]). – Kinematisch Unbestimmte sind dann nur die Knoten-Drehungen φ_i. – Die End-Biegemomente des Zustands „ä" sind:

$$X^{ä}_{lr} = \vartheta^0_{lr} \cdot \mathfrak{X}^{\vartheta}_{lr}, \quad X^{ä}_{rl} = \vartheta^0_{lr} \cdot \mathfrak{X}^{\vartheta}_{rl}. \tag{53}$$

Die aus den Elastizitätsgleichungen sich ergebenden Knoten-Drehungen seien φ^0 genannt; mit ihnen ergeben sich nach den Gleichungen 45 die Nebenspannungsmomente

$$\begin{aligned} X^0_{lr} &= \varphi^0_l \cdot \mathfrak{X}^{\varphi l}_{lr} + \varphi^0_r \cdot \mathfrak{X}^{\varphi r}_{lr} + X^{ä}_{lr}, \\ X^0_{rl} &= \varphi^0_l \cdot \mathfrak{X}^{\varphi l}_{rl} + \varphi^0_r \cdot \mathfrak{X}^{\varphi r}_{rl} + X^{ä}_{rl}. \end{aligned} \tag{54}$$

Indem die mit X^0_{lr} und X^0_{rl} gegebenen End-Momente der Stäbe zu den dem Fachwerk eingeprägten Lasten hinzugenommen werden (s. die Gleichungen 49), können die Stabkräfte des Fachwerks von **neuem** berechnet werden: S^{I}. Mit diesen kann ein zweiter Rechnungsgang – genau nach

[1]) Vgl. IX C 1a (S. 85).

obigem Schema — durchgeführt werden, usf. in iterativer Verbesserung[1]).

Bei solcher Berücksichtigung der Nebenspannungs-Momente brauchen die in IV B 2a gemachten Einschränkungen bezüglich der Belastung nicht aufrecht erhalten zu werden. Dann treten natürlich zu den genannten Größen $X^{ä}$ (s. die Gleichungen 53) ggf. noch die der Stab-Querbelastung entsprechenden Anteile hinzu.

Eine Schätzung der Drehungen φ_i^0 kann mitunter in folgender Weise erfolgen: Z. B. in der Elastizitätsgleichung „i" wird nur φ_i als Unbekannte angesehen und wird jede sonst noch in ihr vorkommende Knoten-Drehung φ_k durch die (lt. obigem bekannte) Stab-Drehung ϑ_{ik}^0 ersetzt. Eine solche Schätzung der Drehungen φ_i^0 empfiehlt sich, wenn Rechengänge in iterativer Verbesserung durchgeführt werden, für den ersten Rechnungsgang.

5. Vollständige statische Größen

a) „Teilweise korrekte" Berechnung

Das Erfassen der vollständigen statischen Größen geschieht bei der Formänderungsmethode analog dem Vorgehen bei der Schnittlastenmethode (s. VII B 1e). — Speziell zur „teilweise korrekten" Berechnung (s. VII B 1eβ), d. h. ohne fiktive Kräfte nach VI C 2 (s. Bild 5), sei folgendes vermerkt:

Zur Aufstellung der Elastizitätsgleichungen werden jetzt — statt $\mathfrak{X}$ und $X^{ä}$ — bei den Stäben mit Druckkräften die Beträge $\widehat{\mathfrak{X}}$ und $\widehat{X}^{ä}$ benötigt, die sich nach VIII B unter Berücksichtigung der Längskraftprojektionen ergeben. Für letztere ist (vgl. VII B 1eβ) zunächst ein geschätzter Betrag anzusetzen, z. B. der Betrag, der sich ergibt, wenn zum gegebenen Stabwerk — unter dem Zustand „0" —

[1]) Siehe auch den Nachtrag auf Seite 106.

eine Rechnung nach IX C 1 bis 4 mit primären statischen Größen durchgeführt wird. (U. U. genügt es, die Schätzung nur an Hand eines statisch bestimmten bzw. unstabilen Grundsystems (vgl. VII G 1) — evtl. an Hand eines statisch bestimmten Gelenkfachwerks durchzuführen.)

Nach dem Auflösen der Elastizitätsgleichungen und nach dem Ausrechnen der Größen $\widehat{X}_{lr;0}$, $\widehat{X}_{rl;0}$ und evtl. $\widehat{X}_{S(rl);0}$ aus den Gl. 45 (mit $\widehat{\mathfrak{X}}$, $\widehat{X}^{a}$ statt $\mathfrak{X}$, X^{a}) können lt. IX C 3 a (am stabilisierten Gelenksystem) die End-Längskräfte $\widehat{S}_{(r);0}$ ermittelt werden. Diese sowie die zuletzt gefundenen Größen $\widehat{X}_{S(rl);0}$ liefern dann „verbesserte" Längskraftprojektionen, unter deren Berücksichtigung die Elastizitätsgleichungen von neuem aufgestellt werden können, usf. in iterativer Verbesserung. – Zur Ermittlung von weiteren statischen Größen ist nach VIII C zu verfahren und dabei die zuletzt für den betreffenden Stab gefundenen Längskraftprojektion zu berücksichtigen.

Unendlich große bzw. unbestimmte Beträge der kinematisch Unbestimmten und anderer Größen ergeben sich hierbei, wenn die Nennerdeterminante der Elastizitätsgleichungen mit zunehmender Belastung (und entsprechend zunehmenden Absolutbeträgen der Längskraftprojektionen) zu Null wird (vgl. VI B)[1]. – Ggf. kann es aber vorkommen, daß schon vorher der kritische Längskraft-Betrag eines Stabes erreicht wird, der an keinem seiner Enden biegesteif an einem der Knoten i des Stabwerks angeschlossen ist!

Sofern es sich um ein Fachwerk handelt und seine Stabkräfte als bekannt gelten können, kann zur Schätzung des kritischen Vielfachen, bei dem sich nach der nur „teilweise korrekten" Berechnung unendlich große oder unbestimmte

[1]) Da die hier behandelten Elastizitätsgleichungen nur innerhalb der Stabwerksebene gelten, sagt ihre Nennerdeterminante nichts über das „Knicken senkrecht zur Stabwerksebene" aus (s. aber Bild 34).

Knotendrehungen ergeben, u. U. von folgender Vorstellung Gebrauch gemacht werden[1]):

Wie Bild 33 veranschaulicht, wird so getan, als bestünde das Fachwerk aus gelenkig aneinander angeschlossenen „Stab-Gruppen“ und evtl. noch aus (übrig gebliebenen) beiderseitig gelenkig angeschlossenen Einzelstäben. Innerhalb der einzelnen Gruppen seien die Stäbe biegesteif miteinander verbunden. Die Stab-Enden seien verhindert, Wege auszuführen. — Gefragt wird dann nach dem kritischen Vielfachen der einzelnen Stabgruppen bzw. nach den kritischen Längskräften der (übrig gebliebenen) Einzelstäbe.

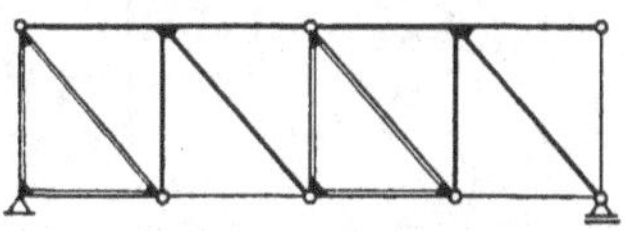

Bild 33. Aufteilung in Stabgruppen

Beispielsweise zu der Stabgruppe in Bild 34 ergibt sich — nach dem Vorangegangenen — die im Bild angeschriebene Bedingung a) für das Knicken innerhalb der Stabwerksebene und — aus allgemeineren (räumlichen) Betrachtungen — die ebenfalls im Bild angeschriebene Bedingung b) für das Knicken senkrecht zur Stabwerksebene.

b) Korrekte Berechnung

Die „korrekte“ Berechnung (vgl. VII B 1 eγ) mit den fiktiven Kräften nach VI C 2 (s. Bild 5) läßt sich im Sinne des in VI C 2 Dargelegten durchführen. Dazu müssen aber

[1]) Vorausgesetzt ist, daß beim Knicken des Stabwerkes wohl die Knotendrehungen, nicht aber die Knotenwege von Bedeutung sind. Die oben folgenden Ausführungen über „Stab-Gruppen“ kommen daher z. B. für einen auf Druck beanspruchten Gittermast keineswegs in Frage!

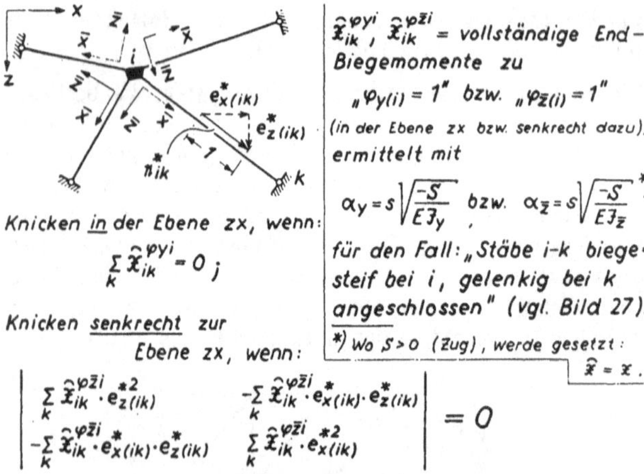

Bild 34. Knicken einer ebenen Stabgruppe (Die nicht mit i zusammenfallenden Stab-Enden seien kugelgelenkig und wegfest angeschlossen)

im Hinblick auf die hier vorliegenden Verhältnisse die folgenden Änderungen am Wortlaut von VI C 2 vorgenommen werden.

In Bild 5 seien die Zeichen $\widehat{B}_{y(l)}$, $\widehat{B}_{y(r)}$ und $\widehat{S}_{(r)}$ ersetzt durch: „$\widehat{X}_{lr}$", „$\widehat{X}_{rl}$" und „$\widehat{X}_{S(rl)}$ bzw. $\widehat{S}_{(r)}$".

In Bild 5 und im Text von VI C 2 seien die Koordinatenzeichen X und Z ersetzt durch: $\bar{x}$ und $\bar{z}$ (vgl. VIII A).

Unter der Überschrift »Schritt „I"« (s. S. 21, 22) seien ersetzt:

in Absatz a) der erste Satz durch: „Zu dieser Belastung werden die primären Beträge $\vartheta^{\mathrm{I}}_{lr;0}$, $X^{\mathrm{I}}_{lr;0}$, $X^{\mathrm{I}}_{rl;0}$ und $X^{\mathrm{I}}_{S(rl);0}$ bzw. $S^{\mathrm{I}}_{(r);0}$ ermittelt";

in Absatz b) die 3. und 4. Zeile durch: „mit End-Lasten (s. Bd. II, Gleichung 2) $P_{\bar{x}(r)} = X^{\mathrm{I}}_{S(rl);0}$ bzw. $= S^{\mathrm{I}}_{(r);0}$, $M_{y(l)} = - X^{\mathrm{I}}_{lr;0}$, $M_{y(r)} = X^{\mathrm{I}}_{rl;0}$; — dazu (s. VI B 1):";

Absatz c) durch: „c) Berechnung der „fiktiven" Kräfte $\mathfrak{P}^{fi\,\mathrm{I}}_l$, $\mathfrak{P}^{fi\,\mathrm{I}}_r$, $\mathfrak{P}^{fi\,\mathrm{I}}_a$ durch Einsetzen der gefundenen Beträge $X^{\mathrm{I}}_{S(rl);0}$ bzw. $S^{\mathrm{I}}_{(r);0}$, $\widehat{A}^{\mathrm{I}}_{\bar{x}(l)} = A^{\mathrm{I}}_{\bar{x}(l)}$, $\widehat{A}^{\mathrm{I}}_{\bar{z}(l)}$, $\widehat{A}^{\mathrm{I}}_{\bar{z}(r)}$, ϑ^{I} in die Gleichungen lt. Bild 5".

Unter der Überschrift »Schritt „II"« (s. S. 22, 23) seien ersetzt:

in Absatz a) der erste Satz durch: „Zu dieser Belastung werden ermittelt: die primären Beträge $\vartheta^{\mathrm{II}}_{lr;0}$, $X^{\mathrm{II}}_{lr;0}$, $X^{\mathrm{II}}_{rl;0}$ und $X^{\mathrm{II}}_{S(rl);0}$ bzw. $S^{\mathrm{II}}_{(r);0}$";

in Absatz b) die 3. und 4. Zeile durch: „$\mathfrak{P}^{fi\,\mathrm{I}}_a$ sowie die End-Lasten (s. Bd. II, Gl. 2) $P_{\bar{x}(r)} = X^{\mathrm{II}}_{S(rl);0}$ bzw. $S^{\mathrm{II}}_{(r);0}$, $M_{y(l)} = -X^{\mathrm{II}}_{lr;0}$, $M_{y(r)} = X^{\mathrm{II}}_{rl;0}$; — dazu (s. VIB1):".

D. Iterative Auflösung der Elastizitätsgleichungen (Rechenschemata nach Kani und nach Cross)

1. Grundsätzliches

Es hat sich eingebürgert, die Elastizitätsgleichungen der Formänderungsmethode iterativ aufzulösen (auch wenn es sich nur um Rechnungen mit primären Beträgen handelt). Zur Erläuterung geeigneter Rechenschemata[1]) dazu seien die kinematisch Unbestimmten ($\varphi_1, \ldots \varphi_n, \psi_a, \ldots \psi_\nu$) jetzt einheitlich mit $\zeta_1, \ldots \zeta_z$ bezeichnet. Dann lauten die Elastizitätsgleichungen (s. Tafel 7):

---

[1]) Die Bedeutung dieser Ausführungen sinkt mit der zukünftigen Verwendung von Rechenautomaten.

. . . .

$$„i“.\quad \zeta_1 \cdot a_{i;1} + \zeta_2 \cdot a_{i;2} + \cdots \zeta_z \cdot a_{i;z} + a_{i;0} = 0 \tag{55}$$

. . . .

$(i = 1, \ldots z)$

oder — für das Folgende zweckmäßiger geschrieben —:

$$„1“.\quad \zeta_1 \cdot a_{1;1} = -\left(a_{1;0} + \sum_{k=2}^{z} \zeta_k \cdot a_{1;k}\right) \equiv -A_1,$$

. . . .

$$„i“.\quad \zeta_i \cdot a_{i;i} = -\left(a_{i;0} + \sum_{k=1}^{i-1} \zeta_k \cdot a_{i;k} + \sum_{k=i+1}^{z} \zeta_k \cdot a_{i;k}\right) \equiv -A_i, \tag{56}$$

. . . .

I t e r a t i v können diese Gleichungen z. B. nach folgendem Schema aufgelöst werden (sog. Iteration in Teilschritten):

„Ausgang“. — Für $\zeta_1, \ldots \zeta_z$ werden irgendwelche Beträge $\zeta_1^0, \ldots \zeta_z^0$ eingesetzt, z. B.

$$\zeta_1^0 = \zeta_2^0 = \cdots = \zeta_i^0 = \cdots = \zeta_z^0 = 0. \tag{57}$$

Schritt „I“. — An Stelle der Gleichungen 56 wird gesetzt:

$$„1“.\quad \zeta_1^{\mathrm{I}} \cdot a_{1;1} = -\left(a_{1;0} + \sum_{k=2}^{z} \zeta_k^0 \cdot a_{1;k}\right)$$
$$= -(a_{1;0} + 0) \equiv -A_1^{\mathrm{I}},$$

. . . .

$$„i“.\quad \zeta_i^{\mathrm{I}} \cdot a_{i;i} = -\left(a_{i;0} + \sum_{k=1}^{i-1} \zeta_k^{\mathrm{I}} \cdot a_{i;k} + \sum_{k=i+1}^{z} \zeta_k^0 \cdot a_{i;k}\right)$$
$$= -\left(a_{i;0} + \sum_{k=1}^{i-1} \zeta_k^{\mathrm{I}} \cdot a_{i;k} + 0\right) \equiv -A_i^{\mathrm{I}}, \tag{58}$$

. . . .

Die auf den rechten Seiten auftretenden Beträge ζ_k^{I} sind jeweils zufolge der vorangegangenen Gleichungen b e k a n n t.

Schritt „II". – An Stelle der Gleichungen 56 wird gesetzt:

....

$$„i". \quad \zeta_i^{\mathrm{II}} \cdot a_{i;i} = -\left(a_{i;0} + \sum_{k=1}^{i-1} \zeta_k^{\mathrm{II}} \cdot a_{i;k} + \sum_{k=i+1}^{z} \zeta_k^{\mathrm{I}} \cdot a_{i;k}\right) \equiv -A_i^{\mathrm{II}}, \tag{59}$$

....

Die auf den rechten Seiten auftretenden Beträge ζ_k^{II} und ζ_k^{I} sind jeweils zufolge der vorangegangenen Gleichungen der Schritte II und I bekannt.

Schritte „III", . . . „R", . . . in iterativer Verbesserung, bis sich in einem Schritt „Ω" keine wesentlichen Änderungen mehr ergeben.

Mit den so gefundenen (Knoten- und Stab-)Drehungen $\zeta_1^{\Omega}, \ldots \zeta_z^{\Omega}$ können schließlich alle End-Schnittlasten X_{lr}, X_{rl}, $X_{S(rl)}$ und sonstigen statischen Größen berechnet werden, wie es in IX C 3a dargelegt ist.

Variante 1. – Statt der Gleichungen 59 können im Schritt „II" auch diejenigen Gleichungen verwendet werden, die sich ergeben, wenn jeweils von Gl. „i" des Schrittes „II" die Gl. „i" des (vorangegangenen) Schrittes „I" subtrahiert wird. Statt der ζ_i^{II} ergeben sich dann die Beträge $(\zeta_i^{\mathrm{II}} - \zeta_i^{\mathrm{I}})$. – Entsprechendes gilt für alle weiteren Schritte. Abschließend gilt dann (in Anbetracht von Gl. 57):

$$\zeta_i^{\Omega} = \zeta_i^{\mathrm{I}} + \sum_{R=\mathrm{II}}^{\Omega} (\zeta_i^{R} - \zeta_i^{R-\mathrm{I}}).$$

Gegenüber dieser Variante bietet aber die zuvor geschilderte Berechnungsweise den Vorteil, daß Rechen-Ungenauigkeiten oder -Fehler (sofern sie innerhalb gewisser Grenzen bleiben) bei ihr mit fortschreitender Iteration verschwinden.

Variante 2. — Die unter den Größen $\zeta_1, \ldots \zeta_z$ enthaltenen Stab-Drehungen $\psi_a, \ldots \psi_\nu$ seien zunächst wie eingeprägte Drehungen — mit noch offenen Beträgen — behandelt: dementsprechend seien die — diese Größen enthaltenden — Glieder $\zeta_k \cdot a_{i;k}$ der ersten n Elastizitätsgleichungen (die den Zuständen „v. V. $\varphi_i = 1$" entsprechen) zu deren Absolutgliedern hinzugenommen. — Aus diesen n Gleichungen werden dann die Knoten-Drehungen φ_i in Abhängigkeit von den gegebenen Größen $a_{i;0}$ und den offenen Beträgen $\psi_a, \ldots \psi_\nu$ ermittelt. (Das kann iterativ geschehen: zunächst für die gegebenen Größen $a_{i;0}$ als Absolutglieder, dann — in besonderen Rechnungsgängen — für die mit ψ_a bzw. mit $\psi_b, \ldots$ behafteten Anteile der Absolutglieder.)

Anschließend werden die Größen φ_i — in Abhängigkeit von den offen gebliebenen Beträgen $\psi_a, \ldots \psi_\nu$ — in die letzten n-ν Elastizitätsgleichungen (die den Zuständen „v. V. $\psi_\varkappa = 1$" entsprechen) eingesetzt. Aus diesen werden die Beträge $\psi_a, \ldots \psi_\nu$ berechnet; anschließend ergeben sich — nun wieder aus den ersten n Gleichungen — die Beträge $\varphi_1, \ldots \varphi_n$.

2. Spezielles Iterationsschema

a) Erläuterungen

(1. — Vgl. IX B und die Gleichungen 58, 59.) Jeder Betrag ζ_i^R $(= -A_i^R/a_{i;i})$ zu einem Schritt „R" (= „I", „II", ...) kennzeichnet einen Elementar-Verformungszustand „$\zeta_i = \zeta_i^R$" des gegebenen Stabwerks, nämlich den ζ_i^R-fachen Elementar-Verformungszustand „$\zeta_i = 1$". Die sonach dem Betrag ζ_i^R $(= -A_i^R/a_{i;i})$ zugehörigen End-Schnittlasten seien $X_{lr}(\zeta_i^R)$, $X_{rl}(\zeta_i^R)$, $X_{S(rl)}(\zeta_i^R)$ genannt. Für sie gilt nach den Gleichungen 45 (als Sonderfall):

$$X_{lr}(\zeta_i^R) = \zeta_i^R \cdot \mathfrak{X}_{lr}^{\zeta i} = (-A_i^R/a_{i;i}) \cdot \mathfrak{X}_{lr}^{\zeta i} = A_i^R \cdot (-\mathfrak{X}_{lr}^{\zeta i}/a_{i;i}) \quad (60)$$

und entsprechend

$$X_{rl}(\zeta_i^R) = A_i^R \cdot (-\mathfrak{X}_{rl}^{\zeta i}/a_{i;i}), \quad X_{S(rl)}(\zeta_i^R) = A_i^R \cdot (-\mathfrak{X}_{S(rl)}^{\zeta i}/a_{i;i}).$$

Die zu jedem Betrag ζ_i^R gehörenden End-Schnittlasten X sind somit bekannt, sobald der zu ζ_i^R gehörende Betrag A_i^R (d. i. $-\zeta_i^R \cdot a_{i;i}$, s. Gl. 59) ausgerechnet ist.

(2. – vgl. IX C 2.) Wie die Beiwerte $a_{i;k}$ stellen auch die in den Größen A_i^R enthaltenen Ausdrücke $\zeta_k^R \cdot a_{i;k}$, $\zeta_k^{R-I} \cdot a_{i;0}$ virtuelle Arbeiten (am stabilisierten Gelenksystem) dar. S_k kann z. B. (vgl. Tafel 7) geschrieben werden:

$$\begin{aligned} \zeta_k^R \cdot a_{i;k} &= \zeta_k^R \cdot A^v[\mathfrak{X}^{\zeta k}] = A^v[\zeta_k^R \cdot \mathfrak{X}^{\zeta k}] \\ &= A^v[X(\zeta_k^R)] \text{ bei „v. V. } \zeta_i = 1\text{“}, \end{aligned}$$

und so ergeben sich aus den Gleichungen 59 leicht die folgenden Formeln 61, 62. — Darin bedeutet z. B. $A^v[X(\zeta_1^I), \ldots X(\zeta_{i-1}^I)]$ die von den End-Schnittlasten $X(\zeta_1^I), \ldots X(\zeta_{i-1}^I)$ insgesamt bei der jeweils (in Gl. 61, 62) genannten virtuellen Verrückung geleistete Arbeit.

Schritt „I“.

$$\begin{aligned} A_1^I &= a_{1;0}, \\ A_2^I &= a_{2;0} + A^v[X(\zeta_1^I)] \text{ bei „v. V. } \zeta_2 = 1\text{“}, \\ &\ldots\ldots\ldots\ldots \\ A_i^I &= a_{i;0} + A^v[X(\zeta_1^I), \ldots X(\zeta_{i-1}^I)] \text{ bei „v. V. } \zeta_i = 1\text{“}, \\ &\ldots\ldots\ldots\ldots \end{aligned} \quad (61)$$

Schritt „II“.

$$\begin{aligned} &\ldots\ldots\ldots\ldots \\ A_i^{II} &= a_{i;0} + A^v[X(\zeta_1^{II}), \ldots X(\zeta_{i-1}^{II}); X(\zeta_{i+1}^I), \\ &\qquad \ldots X(\zeta_z^I)] \text{ bei „v. V. } \zeta_i = 1\text{“}, \\ &\ldots\ldots\ldots\ldots \end{aligned} \quad (62)$$

Schritte „III“, ... „R“, ... „Ω“ analog dem Schritt „II“. Die zu einem Betrag ζ_i^R gehörende Größe A_i^R ($\equiv -\zeta_i^R \cdot a_{i;i}$) ist somit bekannt, wenn die den vorangehenden Beträgen $\zeta_1^R, \ldots \zeta_{i-1}^R$, $\zeta_{i+1}^{R-I}, \ldots \zeta_z^{R-I}$ zugehörigen End-Schnittlasten $X(\zeta)$ ausgerechnet sind.

(3). Sobald die einem Betrag ζ_i^R entsprechende Größe A_i^R vorliegt, können – nach (1), Gl. 60 – die ihm zugehörigen End-Schnittlasten $X(\zeta_i^R)$ angegeben werden. Mit diesen kann – nach (2) – die nächste Größe A berechnet werden, usf.

b) Rechenschemata nach Kani und nach Cross

Weil der praktische Statiker weniger an den Drehungen ζ interessiert ist als an den End-Schnittlasten X, liegt es für ihn nahe, das in IX D 1 genannte Iterationsschema, den Ausführungen in IX D 2a entsprechend, abzuwandeln und dann nach dem folgenden Schema zu rechnen[1]): „Verfahren von Kani“.

„Vorbereitung und Ausgang“.

Ausrechnen der Beiwerte $a_{i;i}$ (Hauptglieder), der Absolutglieder $a_{i;0}$, der Größen $-\mathfrak{X}^{\zeta_i}/a_{i;i}$ lt. Gl. 60; – Anschreiben der Beträge $a_{i;0}$ bei den Knoten bzw. Stäben, deren Drehung jeweils durch ζ_i dargestellt wird; – Anschreiben der Beträge $-\mathfrak{X}^{\zeta_i}/a_{i;i}$ bei den Stab-Enden l bzw. r (je nachdem, zu welchem Stab-Ende die betr. End-Schnittlast $\mathfrak{X}$ gehört); – alles das in einer Stabwerks-Skizze[2]) oder in einer geeigneten Rechentafel[3]).

[1]) Siehe G. Kani, Die Berechnung mehrstieliger Rahmen; 5. Aufl., Stuttgart 1956; Wittwer.

[2]) Siehe z. B.: G. Pohlmann, Ergänzung zum Abschnitt „Statik der Baukonstruktion“ in Hütte III, 28. Aufl., Verlag W. Ernst & Sohn, Berlin.

[3]) Siehe z. B. das Arbeitsblatt Nr. 61 (A. Teichmann, G. Pohlmann) des Lehrstuhls für Statik der Baukonstruktionen und des Maschinenbaus der Technischen Universität Berlin.

Schritt „I“.

Mit $A_1^{\mathrm{I}}(=a_{1;0}$ lt. Gl. 61): Ausrechnen der zugehörigen End-Schnittlasten $X(\zeta_1^{\mathrm{I}})$ nach Gl. 60[1]; Anschreiben der Beträge bei den betreffenden Stab-Enden;

Ausrechnen von A_2^{I} nach Gl. 61; Ausrechnen und Anschreiben der zugehörigen $X(\zeta_2^{\mathrm{I}})$ nach Gl. 60[1];

. . . .

Ausrechnen von A_i^{I} nach Gl. 61; Ausrechnen und Anschreiben der zugehörigen $X(\zeta_i^{\mathrm{I}})$ nach Gl. 60[1];

. . . .

Schritt „II“.

. . . .

Ausrechnen von A_i^{II} nach Gl. 62; Ausrechnen und Anschreiben der zugehörigen $X(\zeta_i^{\mathrm{II}})$ nach Gl. 60[1];

. . . .

Schritte „III“, ... „R“, ... „Ω“, analog dem Schritt „II“, mit Berechnung aller zugehörigen End-Schnittlasten $X(\zeta_i^{\Omega})$ im Schritt „Ω“.

Für die zum gegebenen Zustand „0“ gehörenden Beträge der End-Schnittlasten gilt z. B.:

$$X_{lr;0} = X_{lr}^{\ddot{a}} + \sum_{k=1}^{z} X_{lr}(\zeta_k^{\Omega}) . \tag{63}$$

(Entsprechendes gilt für $X_{rl;0}$, $X_{S(rl);0}$.) — Alles Weitere erfolgt dann, wie in IX C 3a dargelegt.

[1]) Nur soweit erforderlich, als die End-Schnittlasten zur Berechnung der nachfolgenden Größen X benötigt werden: Siehe auch die Fußnote [2]) auf S. 104.

Werden den Entwicklungen in IX D 2a die in IX D 1 erwähnten Varianten 1 und 2 zugrunde gelegt, so ergibt sich ein etwas anderes Rechenschema: das „Verfahren von Cross“[1]).

Die in IX D 1 genannte Variante 2 läßt sich natürlich auch nach dem Verfahren von Kani darstellen. Selbstverständlich können auch andere Iterationsverfahren und weitere Varianten ähnlich dem Dargelegten ausgestaltet und veranschaulicht werden.

Nachtrag zu IX C 4

Erfassung eingeprägter oder durch Temperatur hervorgerufener Stab-Längenänderungen

Ähnlich, wie es in IX C 4b (S. 94) zur Berechnung der Nebenspannungs-Momente dargelegt ist, kann vorgegangen werden, wenn in einem Fachwerk oder Rahmenwerk die End-Biegemomente aus Längenänderungen δs^0 berechnet werden sollen, die den Stäben eingeprägt sind ($\delta s^0 = \delta s^!$) oder durch Temperatur zustande kommen ($\delta s^0 = t_{Sch} \alpha_t s$ lt. Bd. II, Tfl. 4). — Indem (zunächst) unterstellt sei, die Stäbe seien längsstarr (was dem Auftreten von eingeprägten oder temperaturabhängigen Längenänderungen keineswegs widerspricht), werden die Elastizitätsgleichungen des Stabwerks lt. Tfl. 7 aufgestellt. Für die Größen $X^{\bar{a}}_{lr}$, $X^{\bar{a}}_{rl}$ in deren Absolutgliedern gilt[2]) jetzt wieder Gl. 53; die darin eingehenden Stab-Drehungen ϑ^0 ergeben sich an dem zur Aufstellung der

[1]) Siehe W. Dernedde und R. Barbré, Das Cross'sche Verfahren, 3. Aufl., Berlin 1955; Ernst & Sohn; — R. Guldan, Die Cross-Methode und ihre praktische Anwendung, Wien 1955; Springer; — J. Johannson und G. Raczat, Das Cross-Verfahren, 2. Aufl., Berlin 1955; Springer; — C. Prenzlow, Tragwerksberechnung nach Cross, 4. Aufl., Düsseldorf 1956; Werner.

[2]) Vgl. IX C 1a (S. 85).

Elastizitätsgleichungen verwendeten stabilisierten Gelenksystem, wenn dessen Stäben die Längenänderungen δs^0 erteilt werden (gleichgültig, ob das gegebene Stabwerk ein Fachwerk oder ein Rahmenwerk ist — z. B. aus einem Williot-Plan lt. Bd. II, V D 4a). — Sind so die End-Biegmomente $X_{lr;0}$, $X_{rl;0}$ und dann die Längskräfte der Stäbe berechnet, so kann anschließend auch noch lt. IX C 4b iterativ festgestellt werden, wie sich die (den Längskräften entsprechenden) elastischen Längenänderungen der Stäbe auswirken[1]) (indem diese Längenänderungen wiederum als den Stäben eingeprägt angesehen werden); auch hierbei sind in Gl. 53 diejenigen Stab-Drehungen einzusetzen, die sich am stabilisierten Gelenksystem ergeben.

Handelt es sich um ein Stabwerk, bei dem von vornherein der eine oder andere Stab l—r als längselastisch angesehen wird, so tritt in den Absolutgliedern der Elastizitätsgleichungen auch noch die betr. End-Längskraft $X^{\ddot{a}}_{S(rl)}$ auf. Wie leicht ersichtlich, gilt für diese:

$$X^{\ddot{a}}_{S(rl)} = \overset{0}{\varepsilon}_{lr} \cdot \mathfrak{X}^{\varepsilon}_{S(rl)} - \delta s^0 \Big/ \int \frac{d\bar{x}}{EF}\,.$$

$\overset{0}{\varepsilon}_{lr}$ ist dabei die $1/s_{lr}$fache Abstandsänderung der Stabwerksknoten bei l und r, die sich im stabilisierten Gelenksystem ergibt, wenn dessen Stäben die Längenänderungen δs^0 erteilt werden.

Die Auswirkung von Temperatur-Unterschieden $t_u - t_o$ (lt. Bd. II, Tfl. 4) wird erfaßt, indem in die Absolutglieder der Elastizitätsgleichungen diejenigen Beträge $X^{\ddot{a}}$ eingesetzt werden, die sich nach Tafel 6 zum jeweiligen Betrag $t_u - t_o$ ergeben.

[1]) Wie auch in jedem anderen Fall, bei zunächst längsstarr angenommenen Stäben!

Berichtigungen zu Band I und II

Zu Bd. I, Seite 11. — Unmittelbar über der Unterschrift zu Tafel 1 ist vor dem Gleichheitszeichen einzufügen: $-\varphi_{\mathrm{I}}$.

Zu Bd. I, Seite 36. — In der zweiten der Gleichungen 41 ist das erste Glied zu ersetzen durch: $-A_1 e_{z(1)}$.

Zu Bd. I, Seite 96. — In Bild 50 sind die Zeichen $\mathfrak{w}_{(jr)}$ und $\mathfrak{w}_{(jl)}$ miteinander zu vertauschen und ist (unmittelbar über der Bild-Unterschrift) hinter „hier =“ das Minuszeichen zu streichen.

Zu Bd. II, Seite 65. — Die in Tafel 4 unter den Köpfen $t_u - t_o$ und $t_r - t_v$ stehenden Ausdrücke gelten mit den auf Seite 66 und in Bild 29 erläuterten Bezeichnungen, sofern ein Temperaturgefälle nur parallel der Achse Z bzw. nur parallel der Achse Y vorliegt. — Sie gelten allgemein, wenn (anders als in Bild 29) die Zeichen u und o zwei Stellen des Profils auf der Achse Z, die Zeichen r und v zwei Stellen des Profils auf der Achse Y bedeuten und unter h die Koordinatendifferenz $Z_u - Z_o$, unter b die Koordinatendifferenz $Y_v - Y_r$ verstanden wird.

Zu Bd. II, Seite 82. — In der Unterschrift zur Tafel 7 ist hinter EJ einzufügen: , EF und GJ_T.

Schrifttum

In Anbetracht der gebotenen Kürze werden im folgenden nur einige — vorwiegend neue — Schriften lehrbuchartigen Charakters zur Statik der Stabwerke aufgeführt; die meisten davon enthalten ausführlichere Schrifttumsverzeichnisse.

K. Beyer, Die Statik im Stahlbetonbau, 2. Aufl. (Nachdruck), Berlin 1956; Springer.

E. Chwalla, Einführung in die Baustatik, 2. Aufl. (Nachdruck), Köln 1954; Stahlbauverlag.

W. Fries, Fachwerk und Rahmenwerk, Berlin 1953; Springer.

R. Guldan, Elementare Baustatik für Studium und Praxis, Wien 1956; Springer.

R. Guldan, Rahmentragwerke und Durchlaufträger, 5. Aufl., Wien 1952; Springer.

R. v. Halasz, Anschauliche Verfahren zur Berechnung von Durchlaufbalken und Rahmen, Berlin 1951; Ernst & Sohn.

K. Kammüller, Statik der biegefesten ebenen Stabwerke (Theorie des Stahlbetons, Bd. 2, 1. Teil), Karlsruhe 1948; C. F. Müller.

W. Kaufmann, Statik der Tragwerke, 3. Aufl., Berlin 1949; Springer.

R. Kirchhoff, Die Statik der Bauwerke, Bd. 1, 5. Aufl., Berlin 1953; Bd. 2, 5. Aufl., Berlin 1951; Bd. 3, 3. Aufl., i. Vorber., Berlin; Ernst & Sohn.

C. F. Kollbrunner u. M. Meister, Knicken, Berlin 1955; Springer.

V. Kupferschmid, Ebene und räumliche Rahmentragwerke, Wien 1952; Springer.

O. Luetkens, Die Methoden der Rahmenstatik, Berlin 1949; Springer.

K. Maier-Leibnitz, Vorlesungen über Statik der Baukonstruktionen, Bd. 1, Stuttgart 1949; Bd. 2, Stuttgart 1950; Bd. 3, Stuttgart 1954; Franckh.

E. Melan, Einführung in die Baustatik, Wien 1950; Springer.

A. Pflüger, Stabilitätsprobleme der Elastostatik, Berlin 1950; Springer.

K. Sattler, Theorie der Verbundkonstruktionen, 2. Aufl., Berlin 1958; Ernst & Sohn.

W. Schlink unter Mitarbeit v. H. Dietz, Technische Statik, Berlin 1946; Springer.

F. Stüssi, Baustatik, Bd. 1, 2. Aufl., Basel/Stuttgart 1953; Bd. 2, Basel/Stuttgart 1954; Birkhäuser.

Erinnert sei an die bereits im vorangegangenen enthaltenen Schrifttumshinweise spezieller Art:

in Bd. 1 auf den Seiten 7 (Valentiner), 90 (Grodzinski);

in Bd. 2 auf den Seiten 27 (Mayor, Schlink), 66 (Flügge, Szabó), 78 (Witting), 99 (Prager);

in Bd. 3 auf den Seiten 8 (Funk), 42 (Flügge), 47 (Ebner, Sâbis, Cakiroglu), 58 (Kohl), 62 (Suter, Traub), 104 (Kani, Pohlmann, Teichmann), 106 (Cross, Dernedde, Barbré, Guldan, Johannson, Raczat, Prenzlow).

Muster und Unterlagen zur Aufstellung tabellarischer Rechnungen entsprechend dem in Band I bis III Gebrachten sind in Arbeitsblättern des Lehrstuhls für Statik der Baukonstruktionen und des Maschinenbaus der Technischen Universität Berlin niedergelegt (Teichmann, Pohlmann).

Sachverzeichnis

Geisteswissenschaften

Philosophie

Einführung in die Philosophie von *H. Leisegang†.* 3. Aufl. 145 S. 1957 *(Bd. 281)*

Hauptprobleme der Philosophie von *G. Simmel* †. 7., unveränd. Aufl. 177 S. 1950 *(Bd. 500)*

Geschichte der Philosophie

I: Die Griechische Philosophie von *W. Capelle.* 1. Teil. Von Thales bis Leukippos. 2., erw. Aufl. 135 S. 1953 *(Bd. 857)*

II: Die griechische Philosophie von *W. Capelle.* 2. Teil. Von der Sophistik bis zum Tode Platons. 2., stark erw. Aufl. 144 S. 1953 *(Bd. 858)*

III: Die griechische Philosophie von *W. Capelle.* 3. Teil. Vom Tode Platons bis zur Alten Stoa. 2., stark erw. Aufl. 132 S. 1954 *(Bd. 859)*

IV: Die griechische Philosophie von *W. Capelle.* 4. Teil. Von der Alten Stoa bis zum Eklektizismus im 1. Jh. v. Chr. 2., stark erw. Aufl. 132 S. 1954 *(Bd. 863)*

V: Die Philosophie des Mittelalters von *J. Koch.* In Vorb. *(Bd. 826)*

VI. Von der Renaissance bis Kant von *K. Schilling.* 234 S. 1954 *(Bd. 394/394a)*

VII: Immanuel Kant von *G. Lehmann.* In Vorb. *(Bd. 536)*

VIII: Die Philosophie des 19. Jahrhunderts von *G. Lehmann.* 1. Teil. 151 S. 1953 *(Bd. 571)*

IX: Die Philosophie des 19. Jahrhunderts von *G. Lehmann.* 2. Teil. 168 S. 1953 *(Bd. 709)*

X: Die Philosophie im ersten Drittel des 20. Jahrhunderts I von *G. Lehmann.* 128 S. 1957 *(Bd. 845)*

Die geistige Situation der Zeit (1931) von *K. Jaspers.* 4., unveränd. Abdruck der 1932 bearb. 5. Aufl. 211 S. 1955 *(Bd. 1000)*

Erkenntnistheorie von *G. Kropp.* 1. Teil: Allgemeine Grundlegung. 143 S. 1950 *(Bd 807)*

Philosophisches Wörterbuch von *M. Apel†.* 5. Aufl., neub. von *P. Ludz* 1958 In Vorb. *(Bd. 1031/1031a)*

Philosophische Anthropologie. Menschliche Selbstdeutung in Geschichte und Gegenwart von *M. Landmann.* 266 S. 1955 *(Bd. 156/156a)*

Pädagogik, Psychologie Soziologie

Geschichte der Pädagogik von *Herm. Weimer.* 12., neub. u. verm. Aufl. von *Heinz Weimer.* 177 S. 1956 (*Bd. 145*)

Therapeutische Psychologie. Ihr Weg durch die Psychoanalyse von *W. M. Kranefeldt.* Mit einer Einführung von *C. G. Jung.* 3., unveränd. Aufl. 152 S. 1956 *(Bd. 1034)*

Allgemeine Psychologie von *Th. Erismann.* 3 Bde.

I: Grundprobleme. 2., neub. Aufl. 144 S. 1958 *(Bd. 831)*

Soziologie. Geschichte und Hauptprobleme von *L. von Wiese.* 5. Aufl. 162 S. 1954 *(Bd. 101)*

Sozialpsychologie von *P. R. Hofstätter.* 181 S., 15 Abb., 22 Tab. 1956 *(Bd. 104/104a)*

Psychologie des Berufs- und Wirtschaftslebens von *W. Moede.* 1958 In Vorb. *(Bd. 851/851a)*

Industrie- und Betriebssoziologie von *R. Dahrendorf.* 120 S. 1956 *(Bd. 103)*

Religionswissenschaften

Jesus von *M. Dibelius†.* 2. Aufl. Unveränd. Nachdr. 137 S. 1949 *(Bd. 1130)*

Paulus von *M. Dibelius†.* Nach dem Tode des Verfassers herausgegeben und zu Ende geführt von *W. G. Kümmel.* 2. Aufl. 155 S. 1956 *(Bd. 1160)*

Römische Religionsgeschichte von *F. Altheim.* 2 Bde. 2., umgearb. Aufl.

I: Grundlagen und Grundbegriffe. 116 S. 1956 *(Bd. 1035)*

II: Der geschichtliche Ablauf. 164 S. 1956 *(Bd. 1052)*

Geschichte Israels von *E.-L. Ehrlich.* 1958 In Vorb. *(Bd. 231/231a)*

Musik

Musikästhetik von *H. J. Moser*. 180 S. 1953 *(Bd. 344)*

Systematische Modulation von *R. Hernried*. 2. Aufl. 136 S. 1950 *(Bd. 1094)*

Der polyphone Satz von *E. Pepping*. 2 Bde.
1. Teil: Der cantus-firmus-Satz. 2. Aufl. 223 S. 1950 *(Bd. 1148)*
2. Teil: Übungen im doppelten Kontrapunkt und im Kanon. 137 S. 1957 *(Bd. 1164/1164a)*

Allgemeine Musiklehre von *H. J. Moser*. 2., durchges. Aufl. 155 S. 1955 *(Bd. 220/220a)*

Harmonielehre von *H. J. Moser*. 2 Bde. I: 109 S. 1954 *(Bd. 809)*

Die Musik des 19. Jahrhunderts von *W. Oehlmann*. 180 S. 1953 *(Bd. 170)*

Die Musik des 20. Jahrhunderts von *W. Oehlmann*. 1958 In Vorb. *(Bd. 171/171a)*

Technik der deutschen Gesangskunst von *H. J. Moser*. 3., durchges. und verb. Aufl. 144 S., 5 Fig. 1954 *(Bd. 576/576a)*

Die Kunst des Dirigierens von *H. W. von Waltershausen*†. 2. Aufl. 138 S. 1954 *(Bd. 1147)*

Die Technik des Klavierspiels aus dem Geiste des musikalischen Kunstwerkes von *K. Schubert*† 3. Aufl. 110 S. 1954 *(Bd. 1045)*

Kunst

Stilkunde von *H. Weigert*. 2 Bde. 3., durchges. Aufl.
I: Vorzeit, Antike, Mittelalter. 136 S., 94 Abb. 1958 *(Bd. 80)*
II: Spätmittelalter und Neuzeit. 1958 In Vorb. *(Bd. 781)*

Archäologie von *A. Rumpf*. 2 Bde.
I: Einleitung, historischer Überblick. 143 S., 6 Abb., 12 Taf. 1953 *(Bd. 538)*
II: Die Archäologensprache. Die antiken Reproduktionen. 136 S., 7 Abb., 12 Taf. 1956 *(Bd. 539)*

Geschichte

Einführung in die Geschichtswissenschaft von *P. Kirn*. 2. Aufl. 121 S. 1952 *(Bd. 270)*

Zeitrechnung d. röm. Kaiserzeit, des Mittelalters und der Neuzeit für die Jahre 1—2000 n. Chr. von *H. Lietzmann*†. 3. Aufl., durchges. von *K. Aland*. 130 S. 1956 *(Bd. 1085)*

Kultur der Urzeit von *F. Behn*. 3 Bde. 4. Aufl. der „Kultur der Urzeit" Bd. I—III von *M. Hoernes*.
I: Die vormetallischen Kulturen. (Die Steinzeiten Europas. Gleichartige Kulturen in anderen Erdteilen). 172 S., 48 Abb. 1950 *(Bd. 564)*
II: Die älteren Metallkulturen. (Der Beginn der Metallbenutzung. Kupfer- und Bronzezeit in Europa, im Orient und in Amerika). 160 S., 67 Abb. 1950 *(Bd. 565)*
III: Die jüngeren Metallkulturen. (Das Eisen als Kulturmetall. Hallstatt-Latène-Kultur in Europa. Das erste Auftreten des Eisens in den anderen Erdteilen). 149 S., 60 Abb. 1950 *(Bd. 566)*

Vorgeschichte Europas von *F. Behn*. Völlig neue Bearbeitung der 7. Aufl. der „Urgeschichte der Menschheit" von *M. Hoernes*. 125 S., 47 Abb. 1949 *(Bd. 42)*

Der Eintritt der Germanen in die Geschichte von *J. Haller*. 3. Aufl., durchges. von *H. Dannenbauer*. 120 S., 6 Ktnskizz. 1957 *(Bd. 1117)*

Von den Karolingern zu den Staufern von *J. Haller* †. Die altdeutsche Kaiserzeit (900—1250). 4., durchges. Aufl. von *H. Dannenbauer*. 1958 In Vorb. *(Bd. 1065)*

Deutsche Geschichte im Zeitalter der Reformation, der Gegenreformation und des 30 jährigen Krieges von *F. Hartung*. 129 S. 1951 *(Bd. 1105)*

Deutsche Geschichte von 1648 bis 1740 von *W. Treue*. 120 S. 1956 *(Bd. 35)*

Deutsche Geschichte von 1713 bis 1806 von *W. Treue*. 168 S. 1957 *(Bd. 39)*

Quellenkunde der deutschen Geschichte im Mittelalter (bis zur Mitte des 15. Jahrhunderts) von *K. Jacob*†. 3 Bde.
II: Die Kaiserzeit (911—1250). 4. Aufl. 127 S. 1949 *(Bd. 280)*
III: Das Spätmittelalter (vom Interregnum bis 1500). Herausgeg. von

F. Weden. 152 S. 1952 *(Bd. 284)*
Geschichte Englands von *H. Preller.*
I: bis 1815. 3., stark umgearb. Aufl. 135 S., 7 Stammtaf., 2 Ktn. 1952 *(Bd. 375)*
II: von 1815 bis 1910. 2., völlig umgearb. Aufl. 118 S., 1 Stammtaf., 7 Ktn. 1954 *(Bd. 1088)*
Römische Geschichte von *F. Altheim.* 4 Bde. 2., verb. Aufl.
I: Bis zur Schlacht bei Pydna (168 v. Chr.). 123 S. 1956 *(Bd. 19)*
II: Bis zur Schlacht bei Actium (31 v. Chr.). 130 S. 1956 *(Bd. 677)*
Geschichte der Vereinigten Staaten von Amerika von *O. Graf zu Stolberg-Wernigerode.* 192 S., 10 Ktn. 1956 *(Bd. 1051/1051 a)*

Deutsche Sprache und Literatur

Geschichte der deutschen Sprache von *H. Sperber.* 2. Aufl., durchges. von *W. Fleischhauer.* 1958 In Vorb. *(Bd. 915)*
Deutsches Rechtschreibungswörterbuch von *M. Gottschald.* 2., verb. Aufl. 269 S. 1953 *(Bd. 200/200a)*
Deutsche Wortkunde. Eine kulturgeschichtliche Betrachtung des deutschen Wortschatzes von *A. Schirmer.* 3., durchges. Aufl. 109 S. 1949 *(Bd. 929)*
Deutsche Sprachlehre von *W. Hofstaetter.* 9., neubearb. Aufl. von *G. Spree.* 144 S. 1953 *(Bd. 20)*
Stimmkunde für Beruf, Kunst und Heilzwecke von *H. Biehle.* 111 S. 1955 *(Bd. 60)*
Redetechnik. Einführung in die Rhetorik von *H. Biehle.* 115 S. 1954 *(Bd. 61)*
Sprechen und Sprachpflege (Die Kunst des Sprechens) von *H. Feist.* 2., verb. Aufl. 99 S., 25 Abb. 1952 *(Bd. 1122)*
Deutsches Dichten und Denken von der germanischen bis zur staufischen Zeit von *H. Naumann.* (Deutsche Literaturgeschichte vom 5.—13. Jahrhundert). 2., verb. Aufl. 166 S. 1952 *(Bd. 1121)*
Deutsches Dichten und Denken vom Mittelalter zur Neuzeit von *G. Müller* (1270—1700). 2., durchges. Aufl. 159 S. 1949 *(Bd. 1086)*
Deutsches Dichten und Denken von der Aufklärung bis zum Realismus (1700—1890). von *K. Viëtor*† 3., durchges. Aufl. von *G. Erdmann.* 1958 In Vorb. *(Bd. 1096)*
Der Nibelunge Nôt in Auswahl mit kurzem Wörterbuch von *K. Langosch.* 10., durchges. Aufl. 164 S. 1956 *(Bd. 1)*
Kudrun- und Dietrich-Epen in Auswahl mit Wörterbuch von *O. L. Jiriczek.* 6. Aufl. bearb. von *R. Wisniewski.* 173 S. 1957. *(Bd. 10)*
Wolfram von Eschenbach. Parzival. Eine Auswahl mit Anmerk. und Wörterbuch. Von *H. Jantzen.* 2. Aufl., bearb. von *H. Kolb.* 128 S. 1957 *(Bd. 921)*
Die deutschen Personennamen von *M. Gottschald.* 2., verb. Aufl. 151 S. 1955 *(Bd. 422)*
Althochdeutsches Elementarbuch von *H. Naumann*† und *W. Betz.* 2. Aufl. 156 S. 1954 *(Bd. 1111)*
Mittelhochdeutsche Grammatik von *H. de Boor* und *R. Wisniewski.* 141 S. 1956 *(Bd. 1108)*

Indogermanisch, Germanisch

Gotisches Elementarbuch. Grammatik, Texte mit Übersetzung und Erläuterungen von *H. Hempel.* 2., umgearb. Aufl. 165 S. 1953 *(Bd. 79)*
Indogermanische Sprachwissenschaft von *H. Krahe.* 2 Bde. 3. Aufl.
I: Einleitung und Lautlehre. 1958. In Vorb. *(Bd. 59)*
Germanische Sprachwissenschaft von *H. Krahe.* 2 Bde. 3., neub. Aufl.
I: Einleitung und Lautlehre. 147 S. 1956 *(Bd. 238)*
II: Formenlehre. 149 S. 1957 *(Bd. 780)*
Altnordisches Elementarbuch von *F. Ranke.* Schrifttum, Sprache, Texte mit Übersetzung und Wörterbuch. 2., durchges. Aufl. 146 S. 1949 *(Bd. 1115)*

Englisch, Französisch Italienisch

Altenglisches Elementarbuch von *M. Lehnert.* Einführung, Grammatik, Texte mit Übersetzung und Wörterbuch. 3., verb. Aufl. 178 S. 1955 *(Bd. 1125)*

Historische neuenglische Laut- und Formenlehre von *E. Ekwall*. 3., durchges. Aufl. 150 S. 1956 *(Bd. 735)*
Englische Phonetik von *H. Mutschmann†*. 117 S. 1956 *(Bd. 601)*
Englische Literaturgeschichte. 4 Bde.
I: Die alt- und mittelenglische Periode v. *F. Schubel*. 163 S. 1954 *(Bd. 1114)*
II: Von der Renaissance bis zur Aufklärung von *F. Schubel*. 160 S. 1956 *(Bd. 1116)*
III: Romantik und Viktorianismus von *P. Meissner†*. 150 S. 1938 *(Bd. 1124)*
IV: Das 20. Jahrhundert von *P. Meissner†*. 150 S. 1939 *(Bd. 1136)*
Beowulf von *M. Lehnert*. Eine Auswahl mit Einführung, teilweiser Übersetzung, Anmerkungen und etymologischem Wörterbuch. 2., verb. Aufl. 135 S. 1949 *(Bd. 1135)*
Shakespeare von *P. Meissner†*. 2. Aufl. neubearb. von *M. Lehnert*. 136 S. 1954 *(Bd. 1142)*
Italienische Literaturgeschichte von *K. Vossler†*. Unveränd. Nachdr. der 1927 erschien. 4., durchges. und verb. Aufl. 148 S. 1948 *(Bd. 125)*
Romanische Sprachwissenschaft von *H. Lausberg*. 2 Bde. 1956.
I: Einleitung und Vokalismus. 160 S. *(Bd. 128/128a)*
II: Konsonantismus. 95 S. *(Bd. 250)*

Griechisch, Lateinisch

Griechische Sprachwissenschaft von *W. Brandenstein*. 2 Bde.
I: Einleitung, Lautsystem, Etymologie. 160 S. 1954 *(Bd. 117)*
Geschichte der griechischen Sprache. 2 Bde.
I: Bis zum Ausgang der klassischen Zeit von *O. Hoffmann†*. 3. Aufl. bearb. von *A. Debrunner*. 156 S. 1954 *(Bd. 111)*
II: Grundfragen und Grundzüge des nachklass. Griechisch. Von *A. Debrunner*. 144 S. 1954 *(Bd. 114)*
Geschichte der griechischen Literatur von *W. Nestle*. 2 Bde. 2., verb. Aufl.
II: Von Alexander d. Gr. bis zum Ausgang der Antike. 128 S. 1948 *(Bd. 557)*
Geschichte der lateinischen Sprache von *F. Stolz†*. 3., stark umgearb. Auflage von *A. Debrunner*. 136 S. 1953 *(Bd. 492)*

Hebräisch, Sanskrit, Russisch

Hebräische Grammatik von *G. Beer†*. 2 Bde. 2., völlig neub. Aufl. von *R. Meyer*.
I: Schrift-, Laut- und Formenlehre I. 157 S. 1952 *(Bd. 763/763a)*
II: Formenlehre II. Syntax und Flexionstabellen. 195 S. 1955 *(Bd. 764/764a)*
Sanskrit-Grammatik von *M. Mayrhofer*. 89 S. 1953 *(Bd. 1158)*
Russische Grammatik von *E. Berneker*. 6., unveränd. Aufl. von *M. Vasmer*. 155 S. 1947 *(Bd. 66)*

Erd- und Länderkunde

Afrika von *F. Jaeger*. Ein geograph. Überblick. 2 Bde. 2., umgearb. Aufl.
I: Der Lebensraum. 179 S., 18 Abb. 1954 *(Bd. 910)*
II: Mensch und Kultur. 152 S., 6 Abb. 1954 *(Bd. 911)*
Australien und Ozeanien von *H. J. Krug*. 176 S., 46 Skizz. 1953 *(Bd. 319)*
Kartenkunde von *M. Eckert-Greifendorff†*. 3., durchges. Aufl. von *W. Kleffner*. 149 S., 63 Abb. 1950 *(Bd. 30)*

Volkswirtschaft, Publizistik

Allgemeine Betriebswirtschaftslehre von *K. Mellerowicz*. 3 Bde. 9., unveränd. Aufl.
I: 142 S. 1956 *(Bd. 1008)*
II: 112 S. 1956 *(Bd. 1153)*
III: 143 S. 1956 *(Bd. 1154)*
Allgemeine Volkswirtschaftslehre von *A. Paulsen*. 4 Bde.
I: Grundlegung, Wirtschaftskreislauf. 2., durchges. u. erg. Aufl. 140 S. 1958 *(Bd. 1169)*
II: Haushalte, Unternehmungen, Marktformen. 1. Aufl. 163 S., 32 Abb. 1956 *(Bd. 1170)*
Zeitungslehre von *E. Dovifat*. 2 Bde. 3., neubearb. Aufl.
I: Theoretische und rechtliche Grundlagen — Nachricht und Meinung — Sprache und Form. 148 S. 1955 *(Bd. 1039)*
II: Redaktion — Die Sparten Verlag und Vertrieb, Wirtschaft und Technik, Sicherung der öffentlichen Aufgabe. 158 S. 1955 *(Bd. 1040)*

Naturwissenschaften

Mathematik

Geschichte der Mathematik von *J. E. Hofmann*. 3 Bde.
I: Von den Anfängen bis zum Auftreten von Fermat und Descartes. 200 S. 1953 *(Bd. 226)*
II: Von Fermat und Descartes bis zur Erfindung des Calculus und bis zum Ausbau der neuen Methoden. 109 S. 1957 *(Bd. 875)*
III: Von den Auseinandersetzungen um den Calculus bis zur Französischen Revolution. 107 S. 1957 *(Bd. 882)*

Mathematische Formelsammlung von *F. Ringleb*. Vollst. umgearb. Neuausg. des Werkes von *O. Th. Bürklen*. 6., erw. Aufl. 278 S., 53 Fig. 1956 *(Bd. 51/51a)*

Fünfstellige Logarithmen von *A. Adler*. Mit mehreren graphischen Rechentafeln und häufig vorkommenden Zahlwerten. 2. Aufl. Neudr. 127 S., 1 Taf. 1949 *(Bd. 423)*

Arithmetik von *P. B. Fischer* † 3. Aufl. von *H. Rohrbach*. 1958 In Vorb. *(Bd. 47)*

Höhere Algebra von *H. Hasse*. 2 Bde. 4., durchges. Aufl.
I: Lineare Gleichungen. 152 S. 1957 *(Bd. 931)*
II: Gleichungen höheren Grades. 158 S., 5 Fig. 1958 *(Bd. 932)*

Aufgabensammlung zur höheren Algebra von *H. Hasse* und *W. Klobe*. 2., verb. und verm. Aufl. 181 S. 1952 *(Bd. 1082)*

Elementare und klassische Algebra vom modernen Standpunkt von *W. Krull*. 2 Bde. 2., erw. Aufl.
I: 136 S. 1952 *(Bd. 930)*

Einführung in die Zahlentheorie von *A. Scholz*†. Überarb. und herausgeg. von *B. Schoeneberg*. 2. Aufl. 128 S. 1955 *(Bd. 1131)*

Elemente der Funktionentheorie von *K. Knopp*†. 4. Aufl. 144 S., 23 Fig. 1955 *(Bd. 1109)*

Funktionentheorie von *K. Knopp*†. 2 Bde.
I: Grundlagen der allgem. Theorie der analytischen Funktionen. 9., neub. Aufl. 144 S., 8 Fig. 1957 *(Bd. 668)*
II: Anwendungen und Weiterführung der allgemeinen Theorie. 8./9. Aufl. 130 S., 7 Fig. 1955 *(Bd. 703)*

Aufgabensammlung zur Funktionentheorie von *K. Knopp*†. 2 Bde.
I: Aufgaben zur elementaren Funktionentheorie. 5. Aufl. 135 S. 1958 *(Bd. 877)*
II: Aufgaben zur höheren Funktionentheorie. 4. Aufl. 151 S. 1949 *(Bd. 878)*

Gewöhnliche Differentialgleichungen von *G. Hoheisel*. 5., durchges. Aufl. 129 S. 1956 *(Bd. 920)*

Partielle Differentialgleichungen v. *G. Hoheisel*. 3., neub. Aufl. 130 S. 1953 *(Bd. 1003)*

Aufgabensammlung zu den gewöhnlichen und partiellen Differentialgleichungen von *G. Hoheisel*. 2., umgearb. Aufl. 124 S. 1952 *(Bd. 1059)*

Integralgleichungen von *G. Hoheisel*. 2., durchges. Aufl. 1958 In Vorb. *(Bd. 1099)*

Mengenlehre von *E. Kamke*. 3., neub. Auflage. 194 S., 6 Fig. 1955 *(Bd. 999/999a)*

Ebene und sphärische Trigonometrie von *G. Hessenberg*. 5. Aufl., durchges. von *H. Kneser*. 172 S., 60 Fig. 1957 *(Bd. 99)*

Darstellende Geometrie von *W. Haack*. 3 Bde.
I: Die wichtigsten Darstellungsmethoden. Grund- und Aufriß ebenflächiger Körper. 2. Aufl. 1958 In Vorb. *(Bd. 142)*
II: Körper mit krummen Begrenzungsflächen. Kotierte Projektionen. 129 S., 86 Abb. 1954 *(Bd. 143)*
III: Axonometrie und Perspektive. 127 S., 100 Abb. 1957 *(Bd. 144)*

Analytische Geometrie von *K. P. Grotemeyer*. 201 S., 73 Abb. 1958 *(Bd. 65/65a)*

Sammlung von Aufgaben und Beispielen zur analytischen Geometrie der Ebene von *R. Haussner*†. Mit den vollständigen Lösungen. 139 S., 22 Fig. Neudr. 1949 *(Bd. 256)*

Nichteuklidische Geometrie. Hyperbolische Geometrie der Ebene. Von *R. Baldus*†. 3., verb. Aufl., durchges. und herausgeg. von *F. Löbell.* 140 S., 70 Fig. 1953 *(Bd. 970)*

Differentialgeometrie von *K. Strubecker* (früher Rothe). 3 Bde.

I: Kurventheorie der Ebene und des Raumes. 150 S., 18 Fig. 1955 *(Bd. 1113/1113a)*

II: Flächentheorie. 1958 In Vorb. *(Bd. 1179/1179a)*

III: Theorie der Flächenkrümmung. 1958 In Vorb. *(Bd. 1180/ 1180a)*

Einführung in die konforme Abbildung von *L. Bieberbach.* 5., erw. Aufl. 180 S., 42 Fig. 1956 *(Bd. 768/768a)*

Vektoren und Matrizen von *S. Valentiner.* 8., erw. Aufl. der „Vektoranalysis". Mit Anh.: Aufgaben zur Vektorrechnung von *H. König.* 1958 In Vorb. *(Bd. 354/354a)*

Vermessungskunde von *P. Werkmeister.* 3 Bde.

I: Stückmessung und Nivellieren. 10., völl. neub. Aufl. von *W. Grossmann.* 140 S., 117 Fig. 1958 *(Bd. 468)*

II: Messung von Horizontalwinkeln. Festlegung von Punkten im Koordinatensystem. Absteckungen. 7. Aufl. 151 S., 93 Fig. 1949 *(Bd. 469)*

III: Trigonometrische und barometrische Höhenmessung. Tachymetrie und Topographie. 6. Aufl. 147 S., 64 Fig. 1949 *(Bd. 862)*

Versicherungsmathematik von *F. Böhm.* 2 Bde.

I: Elemente der Versicherungsrechnung. 3., verm. und verb. Aufl. Durchges. Neudr. 151 S. 1954 *(Bd. 180)*

II: Lebensversicherungsmathematik. Einführung in die technischen Grundlagen der Sozialversicherung. 2., verb. Aufl. 205 S. 1953 *(Bd. 917/917a)*

Physik

Einführung in die theoretische Physik von *W. Döring.* 5 Bde.

I: Mechanik. 119 S., 29 Abb. 1954 *(Bd. 76)*

II: Das elektromagnetische Feld. 123 S., 15 Abb. 1955 *(Bd. 77)*

III: Optik. 117 S., 32 Abb. 1956 *(Bd. 78)*

IV: Thermodynamik. 107 S., 9 Abb. 1956 *(Bd. 374)*

V: Statistische Mechanik. 114 S., 12 Abb. 1957 *(Bd. 1017)*

Atomphysik von *K. Bechert* und *Ch. Gerthsen.* 7 Bde. 3., umgearb. Aufl.

I: Allgemeine Grundlagen. 1. Teil. 124 S., 55 Abb. 1955 *(Bd. 1009)*

II: Allgemeine Grundlagen. 2. Teil. 112 S., 48 Abb. 1955 *(Bd. 1033)*

III: Theorie des Atombaus. 1. Teil. 148 S., 16 Abb. 1954 *(Bd. 1123/1123a)*

IV: Theorie des Atombaus. 2. Teil. 170 S., 14 Abb. 1954 *(Bd. 1165/1165a)*

Differentialgleichungen der Physik von *F. Sauter.* 2. Aufl. 148 S., 16 Fig. 1950 *(Bd. 1070)*

Physikalische Formelsammlung von *G. Mahler*† und *K. Mahler.* 9., durchges. Aufl. 153 S., 69 Fig. 1955 *(Bd. 136)*

Physikalische Aufgabensammlung von *G. Mahler*†. Neub. von *K. Mahler.* Mit den Ergebn. 9., durchges. Aufl. 127 S., 1957 *(Bd. 243)*

Chemie

Geschichte der Chemie in kurzgefaßter Darstellung von *G. Lockemann.* 2 Bde.

I: Vom Altertum bis zur Entdekkung des Sauerstoffs. 142 S., 8 Bildn. 1950 *(Bd. 264)*

II: Von der Entdeckung des Sauerstoffs bis zur Gegenwart. 151 S., 16 Bildn. 1955 *(Bd. 265/265a)*

Anorganische Chemie von *W. Klemm.* 10., durchges. und erg. Aufl. 185 S., 18 Abb. 1958 *(Bd. 37)*

Organische Chemie von *W. Schlenk.* 7., erw. Aufl. 269 S., 16 Abb. 1957 *(Bd. 38/38a)*

Allgemeine und physikalische Chemie von *W. Schulze.* 2 Bde. 4., neubearb. Aufl.

I: 139 S., 10 Fig. 1955 *(Bd. 71)*

II: 176 S., 37 Fig. 1956 *(Bd. 698/698a)*

Molekülbau. Theoretische Grundlagen und Methoden der Strukturermittlung von *W. Schulze.* 1958 In Vorb. *(Bd. 786)*

Analytische Chemie von *J. Hoppe*. 2 Bde. 5., verb. Aufl.
I: Reaktionen. 135 S. 1950 *(Bd. 247)*
II: Gang der qualitativen Analyse. 166 S. 1950 *(Bd. 248)*

Maßanalyse. Theorie und Praxis der klassischen und der elektrochemischen Titrierverfahren. Von *G. Jander* und *K. F. Jahr*. 7., erg. Aufl. 303 S., 50 Fig. 1956 *(Bd. 221/221a)*

Thermochemie von *W. A. Roth*. 2., verb. Aufl. 109 S., 16 Fig. 1952 *(Bd. 1057)*

Stöchiometrische Aufgabensammlung. Mit den Ergebn. von *W. Bahrdt*† und *R. Scheer*. 6., durchges. Aufl. 118 S. 1957 *(Bd. 452)*

Elektrochemie und ihre physikalisch-chemischen Grundlagen von *A. Dassler*. 2 Bde.
I: 149 S., 21 Abb. 1950 *(Bd. 252)*
II: 178 S., 17 Abb. 1950 *(Bd. 253)*

Technologie

Warenkunde von *K. Hassak*† und *E. Beutel*†. 2 Bde.
I: Anorganische Waren sowie Kohle und Erdöl. 8. Aufl. Neubearb. von *A. Kutzelnigg*. 1958 In Vorb. *(Bd. 222)*
II: Organische Waren. 7. Aufl. 143 S., 32 Fig. 1949 *(Bd. 223)*

Die Fette und Öle von *K. Braun*†. 5., völlig neubearb. und verb. Aufl. von *Th. Klug*. 145 S. 1950 *(Bd. 335)*

Die Seifenfabrikation von *K. Braun*†. 3., neubearb. und verb. Aufl. von *Th. Klug*. 116 S., 18 Abb. 1953 *(Bd. 336)*

Textilindustrie
I: Spinnerei und Zwirnerei. Von *A. Blümcke*. 111 S., 43 Abb. 1954 *(Bd. 184)*

Biologie

Einführung in die allgemeine Biologie von *M. Hartmann*. 132 S., 2 Abb. 1956 *(Bd. 96)*

Hormone von *G. Koller*. 2., neubearb. und erw. Aufl. 187 S., 60 Abb., 19 Tab. 1949 *(Bd. 1141)*

Fortpflanzung im Tier- und Pflanzenreich von *J. Hämmerling*. 2., erg. Aufl. 135 S., 101 Abb. 1951 *(Bd. 1138)*

Geschlecht und Geschlechtsbestimmung im Tier- und Pflanzenreich von *M. Hartmann*. 2., verb. Aufl. 116 S., 61 Abb., 7 Tab. 1951 *(Bd. 1127)*

Grundriß der allgemeinen Mikrobiologie von *W. Schwartz*. 2 Bde.
I: 104 S., 17 Abb. 1949 *(Bd. 1155)*
II: 93 S., 12 Abb. 1949 *(Bd. 1157)*

Symbiose der Tiere mit pflanzlichen Mikroorganismen von *P. Buchner*. 2., verb. und verm. Aufl. 130 S., 121 Abb. 1949 *(Bd. 1128)*

Botanik

Entwicklungsgeschichte des Pflanzenreiches von *H. Heil*. 2. Aufl. 138 S., 94 Abb., 1 Tab. 1950 *(Bd. 1137)*

Morphologie der Pflanzen von *L. Geitler*. 3. Aufl. 126 S., 114 Abb. 1953 *(Bd. 141)*

Pflanzengeographie von *L. Diels*†. 5., völl. neub. Aufl. von *F. Mattick*. 196 S., 2 Ktn. 1958 *(Bd. 389/389a)*

Die Laubhölzer. Kurzgefaßte Beschreibung der in Mitteleuropa gedeihenden Laubbäume und Sträucher. Von *F. W. Neger*† und *E. Münch*†. 3., durchges. Aufl. herausgeg. von *B. Huber*. 143 S., 63 Fig. 7 Tab. 1950 *(Bd. 718)*

Die Nadelhölzer (Koniferen) und übrigen Gymnospermen von *F. W. Neger*† und *E. Münch*†. 4. Aufl. Durchges. und erg. von *B. Huber*. 140 S., 75 Fig., 4 Tab., 3 Ktn. 1952 *(Bd. 355)*

Pflanzenzüchtung von *H. Kuckuck* 2 Bde.
I: Grundzüge der Pflanzenzüchtung. 3., völlig umgearb. Aufl. 132 S., 22 Abb. 1952 *(Bd. 1134)*
II: Spez. gartenbaul. Pflanzenzüchtung. 178 S., 27 Abb. 1957 *(Bd. 1178/1178a)*

Zoologie

Entwicklungsphysiologie der Tiere von *F. Seidel*. 2 Bde.
I: Ei und Furchung. 126 S., 29 Abb. 1953 *(Bd. 1162)*
II: Körpergrundgestalt und Organbildg. 159 S., 42 Abb. 1953 *(Bd. 1163)*

Das Tierreich.
Fische von *D. Lüdemann*. 130 S., 65 Abb. 1955 *(Bd. 356)*
Insekten von *H. von Lengerken*. 128 S., 58 Abb. 1953 *(Bd. 594)*

Lurche (Chordatiere) von *K. Herter*. 143 S., 129 Abb. 1955 *(Bd. 847)*
Spinnentiere (Trilobitomorphen, Fühlerlose) und Tausendfüßler. von *A. Kaestner*. 96 S., 55 Abb. 1955 *(Bd. 1161)*
Würmer. Platt-, Hohl-, Schnurwürmer, Komptozoen, Ringelwürmer, Protracheaten, Bärtierchen, Zungenwürmer von *S. Jaeckel*. 114 S., 36 Abb. 1955 *(Bd. 439)*
Weichtiere. Urmollusken, Schnekken, Muscheln, Kopffüßer von *S. Jaeckel*. 92 S., 34 Abb. 1954 *(Bd. 440)*
Stachelhäuter. Tentakulaten, Binnenatmer u. Pfeilwürmer von *S. Jaeckel*. 100 S., 46 Abb. 1955 *(Bd. 441)*
Schwämme und Hohltiere von *H. J. Hannemann*. 95 S., 80 Abb. 1956 *(Bd. 442)*
Krebse von *H. E. Gruner* und *K. Deckert*. 114 S., 43 Abb. 1956 *(Bd. 443)*
Einzeller, Protozoen von *E. Reichenow*. 115 S., 59 Abb. 1956 *(Bd. 444)*
Vergleichende Physiologie der Tiere von *K. Herter*. 2 Bde. 3. Aufl. der „Tierphysiologie".
I: Stoff- und Energiewechsel. 155 S., 64 Abb. 1950 *(Bd. 972)*
II: Bewegung und Reizerscheinungen. 148 S., 110 Abb. 1950 *(Bd. 973)*

Land- und Forstwirtschaft

Landwirtschaftliche Tierzucht. Die Züchtung und Haltung der landwirtschaftlichen Nutztiere von *H. Vogel*. 139 S., 11 Abb. 1952 *(Bd. 228)*
Kulturtechnische Bodenverbesserungen von *O. Fauser*. 2. Bde. 4., neubearb. Aufl.
I: Allgemeines, Entwässerung. 122 S., 47 Abb. 1947 *(Bd. 691)*
II: Bewässerung, Ödlandkultur, Umlegung. 150 S., 67 Abb. 1949 *(Bd. 692)*
Agrikulturchemie von *K. Scharrer*. 2 Bde.
I: Pflanzenernährung. 143 S. 1953 *(Bd. 329)*
II: Futtermittelkunde. 192 S. 1956 *(Bd. 330/330a)*

Geologie, Mineralogie Kristallographie

Geologie von *F. Lotze*. 176 S., 80 Abb. 1955 *(Bd. 13)*
Mineral- und Erzlagerstättenkunde von *H. Huttenlocher*†. 2 Bde.
I: 128 S., 34 Abb. 1954 *(Bd. 1014)*
II: 156 S., 48 Abb. 1954 *(Bd. 1015/1015a)*
Allgemeine Mineralogie. 9., erw. Aufl. der „Mineralogie" von *R. Brauns*† und *K. F. Chudoba*. 104 S., 107 Fig., 1 Taf., 2 Tab. 1955 *(Bd. 29)*
Spezielle Mineralogie. 9., erw. Aufl. der „Mineralogie" von *R. Brauns*† und *K. F. Chudoba*. 133 S., 105 Fig. 1955 *(Bd. 31)*
Petrographie (Gesteinskunde) von *W. Bruhns*† und *P. Ramdohr*. 4., durchges. Aufl. 104 S., 10 Fig. 1955 *(Bd. 173)*
Kristallographie von *W. Bruhns*† und *P. Ramdohr*. 4. Aufl. 106 S., 163 Abb. 1954 *(Bd. 210)*
Einführung in die Kristalloptik von *E. Buchwald*. 4., verb. Aufl. 138 S., 121 Fig. 1952 *(Bd. 619)*
Lötrohrprobierkunde. Mineraldiagnose mit Lötrohr- und Tüpfelreaktion. Von *M. Henglein*. 3., verb. Aufl. 91 S., 11 Fig. 1949 *(Bd. 483)*

Technik

Graphische Darstellung in Wissenschaft und Technik von *M. Pirani*. 3., erw. Aufl. bearb. von *J. Fischer* unter Benutzung der von *I. Runge* bes. 2. Aufl. 216 S., 104 Abb. 1957 *(Bd. 728/728a)*

Elektrotechnik

Grundlagen der allgemeinen Elektrotechnik von *O. Mohr*. 3 Bde.
I: Die drei Feldformen. 96 S., 41 Abb., 6 Taf. 1956 *(Bd. 196)*
II: Die wichtigsten elektr. und phys. Grunderscheinungen. 95 S., 36 Abb., 7 Taf. 1956 *(Bd. 197)*
III: Schaltvorgänge, Widerstandsformen, Meßtechnik. 91 S., 59 Abb., 1 Taf. 1956 *(Bd. 198)*
Die Gleichstrommaschine von *K. Humburg*. 2 Bde. 2., durchges. Aufl.

I: 102 S., 59 Abb. 1956 *(Bd. 257)*
II: 101 S., 38 Abb. 1956 *(Bd. 881)*
Die synchrone Maschine von *K. Humburg*. Neudr. 109 S., 78 Abb. 1951 *(Bd. 1146)*
Induktionsmaschinen von *F. Unger*. 2., erw. Aufl. 142 S., 49 Abb. 1954 *(Bd. 1140)*
Die komplexe Berechnung von Wechselstromschaltungen von *H. H. Meinke*. 2. Aufl. 180 S., 120 Abb. 1957 *(Bd. 1156/1156a)*
Theoretische Grundlagen zur Berechnung der Schaltgeräte von *F. Kesselring*. 3. Aufl. 144 S., 92 Abb. 1950 *(Bd. 711)*
Einführung in die Technik selbsttätiger Regelungen von *W. zur Megede*. 174 S., 86 Abb. 1956 *(Bd. 714/714a)*
Elektromotorische Antriebe (Grundlagen für die Berechnung) von *A. Schwaiger*. 3., neubearb. Aufl. 96 S., 34 Abb. 1952 *(Bd. 827)*
Technische Tabellen und Formeln von *W. Müller*. 4., verb. und erw. Aufl. von *E. Schulze*. 152 S., 105 Fig. 1951 *(Bd. 579)*
Überspannungen und Überspannungsschutz von *G. Frühauf*. Durchges. Neudr. 122 S., 98 Abb. 1950 *(Bd. 1132)*

Maschinenbau

Metallkunde von *H. Borchers*. 2 Bde. 3. Aufl.
I: Aufbau der Metalle und Legierungen. 120 S., 90 Abb., 2 Tab. 1956 *(Bd. 432)*
II: Eigenschaften, Grundzüge der Form und Zustandsgebung. 154 S., 100 Abb., 8 Tab. 1957 *(Bd. 433)*
Die Werkstoffe des Maschinenbaues von *H. Thum* und *C. M. von Meysenbug*. 2 Bde.
I: Einführung in die Werkstoffprüfung. 2., neubearb. Aufl. 100 S., 7 Tab., 56 Abb. 1956 *(Bd. 476)*
Dynamik von *W. Müller*. 2 Bde. 2., verb. Aufl.
I: Dynamik des Einzelkörpers. 128 S., 48 Fig. 1952 *(Bd. 902)*
II: Systeme von starren Körpern. 102 S., 41 Fig. 1952 *(Bd. 903)*
Technische Schwingungslehre von *L. Zipperer*. 2 Bde. 2., neubearb. Aufl.
I: Allgemeine Schwingungsgleichungen, einfache Schwinger. 120 S., 101 Abb. 1953 *(Bd. 953)*
II: Torsionsschwingungen in Maschinenanlagen. 102 S., 59 Abb. 1955 *(Bd. 961/961a)*
Werkzeugmaschinen für Metallbearbeitung von *K. P. Matthes*. 4 Bde.
I: 100 S., 27 Abb., 11 Zahlentaf., 1 Tafelanh. 1954 *(Bd. 561)*
II: Fertigungstechnische Grundlagen der neuzeitlichen Metallbearbeitung. 101 S., 30 Abb., 5 Taf. 1955 *(Bd. 562)*
Transformatoren von *W. Schäfer*. 3., überarb. u. erg. Aufl. 130 S., 73 Abb. 1957 *(Bd. 952)*
Das Maschinenzeichnen mit Einführung in das Konstruieren von *W. Tochtermann*. 2 Bde. 4. Aufl.
I: Das Maschinenzeichnen. 156 S., 77 Taf. 1950 *(Bd. 589)*
II: Ausgeführte Konstruktionsbeispiele. 130 S., 58 Taf. 1950 *(Bd. 590)*
Die Maschinenelemente von *E. A. vom Ende*. 3., verb. Aufl., 166 S., 175 Fig., 9 Taf. 1956 *(Bd. 3/3a)*
Maschinen der Eisenhüttenwerke von *L. Engel*. 156 S., 95 Abb. 1957 *(Bd. 583/583a)*
Walzwerke von *H. Sedlaczek* unter Mitarbeit von *F. Fischer* und *M. Buch*. 206 S., 157 Abb. 1958 *(Bd. 580/580a)*
Getriebelehre von *P. Grodzinski*. 2 Bde. 2., neubearb. Aufl.
I: Geometrische Grundlagen. 159 S., 142 Fig. 1953 *(Bd. 1061)*
Gießereitechnik von *H. Jungbluth*. 2 Bde.
I: Eisengießerei. 126 S., 44 Abb. 1951 *(Bd. 1159)*
Die Dampfkessel und Feuerungen einschließlich Hilfseinrichtungen in Theorie, Konstruktion und Berechnung von *W. Marcard*†. 2 Bde. 2. Aufl. Neubearb. von *K. Beck*.
I: Die theoretischen Grundlagen, Wärme, Verbrennung, Wärmeübertragung. 150 S., 42 Abb., 16 Tab. 1951 *(Bd. 9)*
II: Dampfkessel. 147 S., 43 Abb. 1952 *(Bd. 521)*
Dampfturbinen, ihre Wirkungsweise, Berechnung und Konstruktion von *C. Zietemann*. 3 Bde. 3., verb. Aufl.

I: Theorie der Dampfturbinen. 139 S., 48 Abb. 1955 *(Bd. 274)*
II: Die Berechnung der Dampfturbinen und die Konstruktion der Einzelteile. 132 S., 111 Abb. 1956 *(Bd. 715)*
III: Die Regelung der Dampfturbinen, die Bauarten, Turbinen für Sonderzwecke, Kondensationsanlagen. 126 S., 90 Abb. 1956 *(Bd. 716)*

Verbrennungsmotoren von *W. Endres*. 3 Bde.
I: Überblick, Motor-Brennstoffe, Verbrennung im Motor allgemein, im Otto- und Diesel-Motor. 153 S., 57 Abb. 1957 *(Bd. 1076/1076a)*

Technische Thermodynamik von *W. Nußelt*. 3 Bde.
I: Grundlagen. 4., verb. Aufl. 144 S., 71 Abb. 1956 *(Bd. 1084)*
II: Theorie der Wärmekraftmaschinen. Neudr. 144 S., 87 Abb., 32 Zahlentaf. 1951 *(Bd. 1151)*

Autogenes Schweißen und Schneiden von *H. Niese*. 5. Aufl. Neubearb. von *A. Küchler*. 136 S., 71 Fig. 1954 *(Bd. 499)*

Die elektrischen Schweißverfahren von *H. Niese*. 2. Aufl. Neubearb. von *H. Dienst*. 136 S., 58 Abb. 1955 *(Bd. 1020)*

Hebezeuge. Entwurf von Winden und Kranen von *G. Tafel*. 2., verb. Aufl. 176 S., 230 Fig. 1954 *(Bd. 414/414a)*

Wasserbau

Wasserkraftanlagen von *A. Ludin* u. Mitarb. v. *W. Borkenstein*. 2 Bde.
I: Planung, Grundlagen und Grundzüge. 124 S., 60 Abb. 1955 *(Bd. 665)*
II: Anordnung und Ausbildung der Hauptbauwerke. 1958 In Vorb. *(666/666a)*

Verkehrswasserbau von *H. Dehnert*. 3 Bde.
I: Entwurfsgrundlagen, Flußregelungen. 103 S., 52 Abb. 1950 *(Bd. 585)*
II: Flußkanalisierung und Schiffahrtskanäle. 94 S., 60 Abb. 1950 *(Bd. 597)*
III: Schleusen und Hebewerke. 98 S., 70 Abb. 1950 *(Bd. 1152)*

Wehr- und Stauanlagen von *H. Dehnert*. 134 S., 90 Abb. 1952 *(Bd. 965)*

Talsperren von *F. Tölke*. 122 S., 70 Abb. 1953 *(Bd. 1044)*

Hoch- und Tiefbau

Die wichtigsten Baustoffe des Hoch- und Tiefbaus von *O. Graf*. 4., verb. Aufl. 131 S., 63 Abb. 1953 *(Bd. 984)*

Baustoffverarbeitung und Baustellenprüfung des Betons von *A. Kleinlogel*. 2., neubearb. und erw. Aufl. 126 S., 35 Abb. 1951 *(Bd. 978)*

Festigkeitslehre. 2 Bde.
I: Elastizität, Plastizität und Festigkeit der Baustoffe und Bauteile von *W. Gehler*† und *W. Herberg*. Durchges. und erw. Neudr. 159 S., 118 Abb. 1952 *(Bd. 1144)*
II: Formänderung, Platten, Stabilität und Bruchhypothesen von *W. Herberg* und *N. Dimitrov*. 187 S., 94 Abb. 1955 *(Bd. 1145/1145a)*

Grundlagen des Stahlbetonbaus von *A. Troche*. 2., neubearb. und erw. Aufl. 208 S., 75 Abb., 17 Bemessungstaf., 20 Rechenbeisp. 1953 *(Bd. 1078)*

Statik der Baukonstruktionen von *A. Teichmann*. 4 Bde.
I: Grundlagen. 100 S., 51 Abb., 8 Formeltaf. 1956 *(Bd. 119)*
II: Statisch bestimmte Stabwerke. 107 S., 52 Abb., 7 Taf. 1957 *(Bd. 120)*
III: Statisch unbestimmte Systeme. 1958 In Vorb. *(Bd. 122)*

Fenster, Türen, Tore aus Holz und Metall. Eine Anleitung zu ihrer guten Gestaltung, wirtschaftlichen Bemessung und handwerksgerechten Konstruktion von *W. Wickop*. 4., überarb. und erg. Aufl. 155 S., 95 Abb. 1955 *(Bd. 1092)*

Heizung und Lüftung von *J. Körting*† und *W. Körting*. 2 Bde. 8., neubearb. Aufl.
I: Das Wesen und die Berechnung der Heizungs- und Lüftungsanlagen. 140 S., 29 Abb., 18 Zahlentaf. 1951 *(Bd. 342)*
II: Die Ausführung der Heizungs- und Lüftungsanlagen. 152 S., 165 Abb., 7 Zahlentaf. 1954 *(Bd. 343)*

Industrielle Kraft- und Wärmewirtschaft von *F. A. F. Schmidt* u. *A. Beckers*. 167 S., 73 Abb. 1957 *(Bd. 318/318a)*

SAMMLUNG GÖSCHEN/BANDNUMMERNFOLGE

1 Langosch, Der Nibelunge Nôt
3/3a v. Ende, Die Maschinenelemente
9 Marcard-Beck, Dampfkessel I
10 Jiriczek-Wisniewski, Kudrun- und Dietrichepen
13 Lotze, Geologie
19 Altheim, Röm. Geschichte I
20 Hofstaetter-Spree, Dt. Sprachl.
29 Brauns-Chudoba, Allg. Mineralogie
30 Eckert-Greifendorff-Kleffner, Kartenkunde
31 Brauns-Chudoba, Spez. Mineralogie
35 Treue, Dt. Geschichte von 1648 bis 1740
37 Klemm, Anorganische Chemie
38/38a Schlenk, Organ. Chemie
39 Treue, Dt. Geschichte von 1713 bis 1806
42 Behn, Vorgeschichte Europas
47 Fischer, Arithmetik
51/51a Ringleb-Bürklen, Mathematische Formelsammlung
59 Krahe, Indogerm. Sprachwiss.
60 Biehle, Stimmkunde
61 Biehle, Redetechnik
65/65a Grotemeyer, Anal. Geom.
66 Berneker-Vasmer, Russische Grammatik
71 Schulze, Allg. u. phys. Chemie I
76 Döring, Einf. i. d. theoret. Physik I
77 Döring, – II
78 Döring, – III
79 Hempel, Gotisches Elementarb.
80 Weigert, Stilkunde I
96 Hartmann, Einf. i. d. allgem. Biologie
99 Hessenberg-Kneser, Ebene und sphär. Trigonometrie
101 v. Wiese, Soziologie
103 Dahrendorf, Industrie- und Betriebssoziologie
104/104a Hofstätter, Sozialpsychologie
111 Hoffmann-Debrunner, Gesch. d. griechischen Sprache I
114 Debrunner, — II
117 Brandenstein, Griechische Sprachwissenschaft I
119 Teichmann, Statik der Baukonstruktionen I
120 Teichmann, - II
122 Teichmann, - III
125 Vossler, Ital. Literaturgesch.
128/128a Lausberg, Romanische Sprachwissenschaft I
136 Mahler, Physikalische Formelsammlung
141 Geitler, Morphol. der Pflanzen
142 Haack, Darst. Geometrie I
143 Haack, — II
144 Haack, — III
145 Weimer, Gesch. der Pädagogik
156/156a Landmann, Philosophische Anthropologie
170 Oehlmann, Musik des 19. Jahrh.
171/171a Oehlmann, Musik des 20. Jahrhunderts
173 Bruhns-Ramdohr, Petrographie
180 Böhm, Versicherungsmath. I
184 Blümcke, Textilindustrie I
196 Mohr, Grundlagen d. Elektrotechnik I
197 Mohr, – II
198 Mohr, – III
200/200a Gottschald, Dt. Rechtschreibungswörterbuch
210 Bruhns-Ramdohr, Kristallographie
220/220a Moser, Allg. Musiklehre
221/221a Jander-Jahr, Maßanalyse
222 Hassak-Beutel, Warenkunde I
223 Hassak-Beutel, – II
226 Hofmann, Geschichte der Mathematik I
228 Vogel, Landw. Tierzucht
231/231a Ehrlich, Geschichte Israels
238 Krahe, German. Sprachwiss. I
243 Mahler, Physikal. Aufgabenslg.
247 Hoppe, Analytische Chemie I
248 Hoppe, – II
250 Lausberg, Roman. Sprachwissenschaft II
252 Dassler, Elektrochemie I
253 Dassler, – II
256 Haussner, Aufgabensamml. zur analyt. Geometrie der Ebene
257 Humburg, Die Gleichstrommaschine I
264 Lockemann, Geschichte der Chemie I
265/265a Lockemann, – II
270 Kirn, Einführung in die Geschichtswissenschaft

274 Zietemann, Dampfturbinen I
280 Jacob, Quellenkunde der deutschen Geschichte II
281 Leisegang, Einführung in die Philosophie
284 Jacob-Weden, Quellenkunde der deutschen Geschichte III
318/318a Schmidt, Industrielle Kraft- und Wärmewirtschaft
319 Krug, Australien und Ozeanien
329 Scharrer, Agrikulturchemie I
330/330a Scharrer, – II
335 Braun-Klug, Fette und Öle
336 Braun-Klug, Seifenfabrikation
342 Körting, Heizung und Lüftung I
343 Körting, – II
344 Moser, Musikästhetik
354/354a Valentiner, Vektoren
355 Neger-Münch, Nadelhölzer
356 Lüdemann, Fische
374 Döring, Einf. in die theoret. Physik IV
375 Preller, Geschichte Englands I
389/389a Diels-Mattick, Pflanzengeographie
394/394a Schilling, Von der Renaissance bis Kant
414/414a Tafel, Hebezeuge I
422 Gottschald, Deutsche Personennamen
423 Adler, Fünfstell. Logarithmen
432 Borchers, Metallkunde I
433 Borchers, — II
439 Jaeckel, Würmer
440 Jaeckel, Weichtiere
441 Jaeckel, Stachelhäuter
442 Hannemann, Schwämme und Hohltiere
443 Gruner-Deckert, Krebse
444 Reichenow, Einzeller
452 Bahrdt-Scheer, Stöchiometrische Aufgabensammlung
468 Werkmeister, Vermessungskunde I
469 Werkmeister, — II
476 Thum-Meysenbug, Die Werkstoffe des Maschinenbaus I
483 Henglein, Lötrohrprobierkunde
492 Stolz-Debrunner, Geschichte der lateinischen Sprache
499 Niese, Autogen. Schweißen
500 Simmel, Hauptprobleme der Philosophie
521 Marcard-Beck, Dampfkessel II
536 Lehmann, Kant
538 Rumpf, Archäologie I
539 Rumpf, – II
557 Nestle, Griechische Literaturgeschichte II
561 Matthes, Werkzeugmaschinen I
562 Matthes, – II
564 Behn, Kultur der Urzeit I
565 Behn, – II
566 Behn, – III
571 Lehmann, Philosophie des 19. Jahrhunderts I
576/576a Moser, Gesangskunst
579 Müller-Schulze, Techn. Tabellen
580/580a Sedlaczek, Walzwerke
583/583a Engel, Maschinen der Eisenhüttenwerke
585 Dehnert, Verkehrswasserbau I
589 Tochtermann, Maschinenzeichnen I
590 Tochtermann, – II
594 Lengerken, Insekten
597 Dehnert, Verkehrswasserbau II
601 Mutschmann, Engl. Phonetik
619 Buchwald, Kristalloptik
665 Ludin, Wasserkraftanlagen I
666/666a Ludin, — II
668 Knopp, Funktionentheorie I
677 Altheim, Röm. Geschichte II
691 Fauser, Kulturtechn. Bodenverbesserungen I
692 Fauser, – II
698/698a Schulze, Allgemeine und physikalische Chemie II
703 Knopp, Funktionentheorie II
709 Lehmann, Philosophie des 19. Jahrhunderts II
711 Kesselring, Berechnung der Schaltgeräte
714/714a zur Megede, Einf. in die Technik selbsttät. Regelungen
715 Zietemann, Dampfturbinen II
716 Zietemann, – III
718 Neger-Münch, Laubhölzer
728/728a Pirani, Graph. Darstellung
735 Ekwall, Historische neuengl. Laut- und Formenlehre
763/763a Beer-Meyer, Hebräische Grammatik I
764/764a Beer-Meyer, – II
768/768a Bieberbach, Einführung in die konforme Abbildung
780 Krahe, Germ. Sprachwiss. II
781 Weigert, Stilkunde II
786 Schulze, Molekülbau
807 Kropp, Erkenntnistheorie I
809 Moser, Harmonielehre I
826 Koch, Philosophie des Mittelalters

827 Schwaiger, Elektromotorische Antriebe
831 Erismann, Allg. Psychologie I
845 Lehmann, Philosophie im ersten Drittel des 20. Jahrh.
847 Herter, Lurche
851/851a Moede, Psychologie des Berufs- und Wirtschaftslebens
857 Capelle, Griech. Philosophie I
858 Capelle, – II
859 Capelle, – III
862 Werkmeister, Vermessungskunde III
863 Capelle, Griech. Philosophie IV
875 Hofmann, Gesch. d. Math. II
877 Knopp, Aufgabensammlung zur Funktionentheorie I
878 Knopp, — II
881 Humburg, Gleichstrommaschine II
882 Hofmann, Gesch. d. Math. III
902 Müller, Dynamik I
903 Müller, – II
910 Jaeger, Afrika I
911 Jaeger, – II
915 Sperber-Fleischhauer, Gesch. der deutschen Sprache
917/917a Böhm, Versicherungsmathematik II
920 Hoheisel, Gewöhnliche Differentialgleichungen
921 Jantzen-Kolb, W. v. Eschenbach. Parzival
929 Schirmer, Dt. Wortkunde
930 Krull, Elementare und klassische Algebra I
931 Hasse, Höhere Algebra I
932 Hasse, – II
952 Schäfer, Transformatoren
953 Zipperer, Techn. Schwingungslehre I
961/961a Zipperer, — II
965 Dehnert, Wehr- und Stauanl.
970 Baldus-Löbell, Nichteuklid. Geometrie
972 Herter, Tierphysiologie I
973 Herter, – II
978 Kleinlogel, Baustoffverarb. u. Baustellenprüf. des Betons
984 Graf, Die wichtigsten Baustoffe des Hoch- u. Tiefbaus
999/999a Kamke, Mengenlehre
1000 Jaspers, Geistige Situation
1003 Hoheisel, Partielle Differentialgleichungen
1008 Mellerowicz, Allgemeine Betriebswirtschaftslehre I
1009 Bechert-Gerthsen, Atomphysik I
1014 Huttenlocher, Mineral- und Erzlagerstättenkunde I
1015/1015a Huttenlocher, – II
1017 Döring, Einf. i. d. theoret. Physik V
1020 Niese-Dienst, Elektr. Schweißverfahren
1031/1031a Apel, Philosophisches Wörterbuch
1033 Bechert-Gerthsen, Atomphysik II
1034 Kranefeldt, Therapeutische Psychologie
1035 Altheim, Röm. Religionsgeschichte I
1039 Dovifat, Zeitungslehre I
1040 Dovifat, – II
1044 Tölke, Talsperren
1045 Schubert, Technik des Klavierspiels
1051/1051a Stolberg-Wernigerode, Gesch. der Verein. Staaten von Amerika
1052 Altheim, Röm. Religionsgeschichte II
1057 Roth, Thermochemie
1059 Hoheisel, Aufgabensammlung zu den gewöhnl. und partiellen Differentialgleichungen
1061 Grodzinski, Getriebelehre I
1065 Haller, Von den Karolingern zu den Staufern
1070 Sauter, Differentialgleichungen der Physik
1076/1076a Endres, Verbrennungsmotoren I
1078 Troche, Stahlbetonbau
1082 Hasse-Klobe, Aufgabensamml. zur Höheren Algebra
1084 Nußelt, Technische Thermodynamik I
1085 Lietzmann, Zeitrechnung
1086 Müller, Dt. Dichten u. Denken
1088 Preller, Geschichte Englands II
1092 Wickop, Fenster, Türen, Tore
1094 Hernried, System. Modulation
1096 Viëtor, Dt. Dichten und Denken
1099 Hoheisel, Integralgleichungen
1105 Hartung, Dt. Geschichte im Zeitalter der Reformation
1108 de Boor-Wisniewski, Mittelhochdeutsche Grammatik

1109 Knopp, Elemente der Funktionentheorie
1111 Naumann-Betz, Althochdeutsches Elementarbuch
1113/1113a Strubecker, Differentialgeometrie I
1114 Schubel, Englische Literaturgeschichte I
1115 Ranke, Altnord. Elementarb.
1116 Schubel, Englische Literaturgeschichte II
1117 Haller, Eintritt der Germanen in die Geschichte
1121 Naumann, Dt. Dichten und Denken
1122 Feist, Sprechen u. Sprachpflege
1123/1123a Bechert-Gerthsen, Atomphysik III
1124 Meissner, Englische Literaturgeschichte III
1125 Lehnert, Altengl. Elementarb.
1127 Hartmann, Geschlecht und Geschlechtsbestimmung im Tier- und Pflanzenreich
1128 Buchner, Symbiose der Tiere mit pflanzl. Mikroorganismen
1130 Dibelius, Jesus
1131 Scholz-Schoeneberg, Einführung in die Zahlentheorie
1132 Frühauf, Überspannungen und Überspannungsschutz
1134 Kuckuck, Pflanzenzüchtung I
1135 Lehnert, Beowulf
1136 Meissner, Englische Literaturgeschichte IV
1137 Heil, Entwicklungsgeschichte des Pflanzenreichs
1138 Hämmerling, Fortpflanzung im Tier- und Pflanzenreich
1140 Unger, Induktionsmaschinen
1141 Koller, Hormone
1142 Meissner-Lehnert, Shakespeare
1144 Gehler-Herberg, Festigkeitslehre I
1145/1145a Herberg-Dimitrov, - II
1146 Humburg, Synchrone Maschine
1147 v. Waltershausen, Kunst des Dirigierens
1148 Pepping, Der polyphone Satz I
1151 Nußelt, Technische Thermodynamik II
1152 Dehnert, Verkehrswasserbau III
1153 Mellerowicz, Allgem. Betriebswirtschaftslehre II
1154 Mellerowicz, — III
1155 Schwartz, Mikrobiologie I
1156/1156a Meinke, Komplexe Berechn. der Wechselstromschaltungen
1157 Schwartz, Mikrobiologie II
1158 Mayrhofer, Sanskrit-Grammatik
1159 Jungbluth, Gießereitechnik I
1160 Dibelius-Kümmel, Paulus
1161 Kaestner, Spinnentiere
1162 Seidel, Entwicklungsphysiolog. der Tiere I
1163 Seidel, — II
1164/1164a Pepping, Der polyphone Satz II
1165/1165a Bechert-Gerthsen, Atomphysik IV
1169 Paulsen, Allgemeine Volkswirtschaftslehre I
1170 Paulsen, — II
1178/1178a Kuckuck, Pflanzenzüchtung II
1179/1179a Strubecker, Differentialgeometrie II
1180/1180a Strubecker, — III

AUTORENREGISTER

Printed in Germany

Überreicht durch: